人间徒行

向着通透与自由

郭城 / 著

中信出版集团 | 北京

图书在版编目（CIP）数据

人间行走：向着通透与自由 / 郭城著. -- 北京：中信出版社，2021.6

ISBN 978-7-5217-3000-5

Ⅰ. ①人… Ⅱ. ①郭… Ⅲ. ①人生哲学—通俗读物 Ⅳ. ① B821-49

中国版本图书馆 CIP 数据核字（2021）第 054598 号

人间行走——向着通透与自由

著　　者：郭　城
出版发行：中信出版集团股份有限公司
（北京市朝阳区惠新东街甲 4 号富盛大厦 2 座　邮编　100029）
承 印 者：北京盛通印刷股份有限公司

开　　本：880mm × 1230mm　1/32　　印　　张：10.25　　字　　数：194 千字
版　　次：2021 年 6 月第 1 版　　印　　次：2021 年 6 月第 1 次印刷
书　　号：ISBN 978-7-5217-3000-5
定　　价：68.00 元

如有印刷、装订问题，本公司负责调换。
服务热线：400-600-8099
投稿邮箱：author@citicpub.com

前言

我们走过的每一寸土地，都残留着宇宙几亿年雕刻的痕迹。

我们站立的每一个时刻，都闪现着人类上百万年历史的剪影。

我们驻足在丹麦首都哥本哈根的街头，遥想距今1200多年前，一群维京海盗望着茫茫大海摩拳擦掌，不久他们就登上了英格兰北海岸的林迪斯法恩岛。

而在林迪斯法恩岛上的一所修道院里，教士们正在十字架前祈祷，他们不知道这里很快就将被海盗烧成残垣断壁。

我们驻足在西安北部大明宫遗址，想到距今1300多年前，松赞干布派的使臣禄东赞正在皇宫外等候唐太宗的接见。

在唐朝的众多宗室贵女中，有一位女子将被册封为公主，不远千里前往吐蕃和亲，当时她还不自知地望着自己头顶上的蝴蝶，发出咯咯的笑声。

在非洲大草原，距今5万年前，一个智人站在枯黄的草丛中抬起头，其他动物从他身边快速跑过，他却眼神迷茫地望向了北方，发出了一个疑问：我为何不去探索新天地？

而在5万年后的今天，一个白领精英站在城市金融中心的某扇落地玻璃窗前，向往着非洲大草原上动物大迁徙的壮阔场面，他转过身写好辞职报告，买好了前往非洲的机票。

……

闭上眼睛，感受一下历史在你身上停留的片刻，无数人在不同的时间从你站立的地方走过，无数事也曾经在你身边发生。而在未来的某一刻，有一个人也会停留在你此刻站立的地方，穿越时光，跟你产生交集，感受到跟你同样的频率。

那么，谁是你？你又是谁？

我们都是历史中的过客，我们都是世间的行人。

在一个夏日的夜晚，我坐在星巴克的户外伞下喝着咖啡，忽然下起雨来，先是淅淅沥沥的小雨，随后就变成了噼里啪啦的暴雨。因为路滑，车辆都缓慢前行，远远望去，红色的灯光连成一片，恍如这世间的诸相繁华。

偶尔把连成一片的红色灯线打乱的，是行色匆匆的人。有人亦步亦趋，有人小步慢跑，有人踉跄前行，有人折身返回。不管如何，人在这世间行走，夜不变，色不变，只是换了雨中的行人，这一幕一天天上演。

雨或大或小，人在世俗间的挣扎，在人性上的彷徨或焦虑，从未改变，不过是换了一副又一副皮囊。

于是我决定捕捉人生路上每一个片段的感想，写出这光怪陆离的世相背后，那些亘古不变的东西。

想必你跟我一样，也走了很远、很久、很孤独的路吧。

那就让我们开始吧。

对了，再稍等一下，让我把这本书献给我的母亲，虽然我们只做了一世的母子，但是足以让我感到三生有幸。让我感谢一下我的太太和儿子，他们联合起来启发了我诸多的人生智慧。我也要感谢中信出版社的编辑李嘉琪女士，她连续不间断催稿两年让这本书得以面世。我还要感谢本书的插图摄影师叶琳女士，一个好的摄影师一定有一颗美丽的心灵，总能从平凡的事物中发现最美的角度。

当然，我也要感谢所有读者，感谢你们不离不弃地等待着这本新书的出版。

郭城

2021 年 4 月 23 日

目录

第一篇 走过不可思议的印度

第二篇 走过他人设定的地狱

第三篇

走过苍凉孤独的66号公路

第四篇

走过难以名状的爱情

第五篇

走过失意挫败的北欧

第六篇

走过刀光剑影的婚姻

第七篇

走过五彩斑斓的土耳其

第八篇

走过迷雾重重的世相

第九篇

走过生死轮回的色达

第十篇

走过不确定的人生

第一篇

走过不可思议的印度

你让开一点，
别挡着我的阳光。

第欧根尼
（约公元前412—公元前323）

距离的偏见

一个人要趁着年轻的时候到处走走，这样你就会知道这世界辽阔苍茫，有很多的故事，有几千年岁月洗礼过的遗迹，也有诸多遗落在历史灰尘中的艺术……

这种感觉无法通过别人的表述感同身受，我们只有曾经沉浸其中，在跟人聊起的时候，才会有那种丰满的充实感。那时的天气，那会儿的人，树叶的颜色，空气里漂浮的味道和街上驶过的巴士……

这一切都会融入你的见识，构成你生命的广度和厚度。

公元 627 年，一位叫玄奘的法师从长安出发，沿西域诸国经过帕米尔高原，历经艰难险阻，到达天竺。玄奘法师发现这里并不是一个国家，而是有大大小小 70 多个政权割据的地方。

后来很多人问起玄奘这个地方的名字，他就说那是一片叫作“印度”的土地。印度在梵语里是月亮的意思，从此印度半岛在咱们这儿就有了正式的名字。

我不知道那时候玄奘看到的印度，是怎样一番景象，想必是愁苦的，否则释迦牟尼也不会从中感悟出苦、集、灭、道这四个圣谛。一个民族在风雨飘摇的苦难里，很容易产生宗教。在现世得不到救赎，那么就寄希望于来生。1000 多年过去了，这场救赎依然在继续，因为有 13 多亿印度人还在用各种信仰支撑着现世的生活。

在去印度前，我向朋友们求助：第一次去印度，请问要注意些什么？

大部分人的答案是注意安全，毕竟媒体上关于印度这方面的报道屡见不鲜。

还有人建议我在印度千万不要随便喝水，如果要喝，一定要喝瓶装水，否则一定会后悔。还有人说千万不要去贫民窟，否则会沾染很多疾病。

我就是带着这样一些让人半信半疑的话，开始了一段不可思议的旅程。

有人说，只要前往印度，一下飞机就会闻到迎面而来的牛粪味。我觉得这个说法很不客观，因为只要登上前往印度的飞机，就可以感受到这独特的气味，而不必等到飞机降落。

这种独特的气味，我后来想应该是各种咖喱经过汗液的分泌，慢慢挥发出来的一种味道。坐着咖喱味儿的飞机，想必这是一趟美食之旅，飞机上空调温度开得很低，可能这样有利于空气下沉，从而防止串味。

飞行中途我每次去洗手间，航空公司的空姐都很贴心地说："我先打扫一下你再用，你懂的。"

我能懂什么？

我之前又没交往过什么印度朋友。

飞机上坐在我旁边的一位印度人看着我，好像要跟我做朋友的样子。我冲他笑了一下，他一动不动，我冲他点点头，他依然一动不动。你可以想象被人一直盯五个小时的感受吗？其间我偶尔回瞪他一眼，他还是眼睛一眨不眨地看着我，他没有睡觉，也没有放弃盯我的意思。

我想，他应该是一个很倔强的人。

就在这样一种奇怪的眼神注视下，我降落在了印度的德里机场。我仔细地闻了闻空气，好像没什么特别的气味，或许经过飞机上的熏陶，我已经习惯了这种气味。

过海关的时候，查验入境的印度海关工作人员以飞快的语速询问我是谁，我从哪里来，要到哪里去。这些问题放在印度，就颇有点要轮回的意味，仿佛接受完他的盘问，我就要穿越进另一个平行时空。

好歹我也是接受了高等教育的人，但是我听着他接下来的英语却感受到了绝望。

叽里呱啦吧里哇啦呜里嘛啦突突突突突突……

他看着我茫然的眼神，做出了无可奈何的表情，意思是：你的英语怎么能烂成这样呢？就这样还敢来印度？

或许这就是印度速度。不过我还是太年轻了，印度的速度比这位签证官的语速快多了，至少车速是嗖嗖的。曾经有位朋友跟我说，他很佩服印度人的乐观主义精神，虽然他们从来不按照道路上的交通标志来行驶，但他们还是很认真地在路上画了线。

我要从新德里驱车前往斋普尔，一出机场就看见街上车水马龙，不知道从哪里冒出来那么多车，一股脑儿地在路上蜂拥前行，而且毫无秩序可言，这真是不容易做到的一件事。但是如果你立刻联想到北京或上海的拥堵，你就大错特错了。

中国大多数城市车多的时候会堵得走不动，印度不会，车多，但是车速依然如风驰电掣，每辆车都被开得跟警察在捉贼一样。印度的朋友告诉我："在印度，只要你点一下刹车，你就输了。"

在印度，开车是一种比赛，其他事情都可以慢，唯独开车不可以。印度人如果跟你说好早上九点钟开会，他的意思是差不多十一点半开始，而且有无数的正当理由，比如家里水管破了，路上塞车了，有宗教仪式要做……他们认为慢慢来是理所应当的，甚至在这种情况下他还来开会，你应该感恩。但是他们开车绝对不会慢，所以我非常纳闷，他们把车开得飞快，节省下来的时间到底都干了什么？

只有神知道。

在交通这件事上，印度人非常凑合，几乎不打转向灯，但是对喇叭却格外重视，我手表上的噪声监听系统经常提醒我：身处这样的环境会损伤您的听力。他们太热爱按喇叭了，此起彼伏的喇叭声充斥着街道，混合着灰尘，给人一种很焦灼的紧张感。在这样的环境中待一会儿，你就会觉得嗓子中有一团火，似乎要燃烧了。

你可以闭上眼睛想象一下，每辆车都开得飞快，车头几乎就顶着前一辆车的车尾，只要前面的车稍微一点刹车就会发生追尾。但是我在印度期间，没有遇到一起追尾事故，因为他们好像彼此都心照不宣，有一条开车定律，那就是：你千万不要以为我会刹车，我的车只装了油门。

给我开车的司机，是一个黑瘦的印度人，为了显得正式，他刻意穿了一件衬衫，但已经分不出是什么颜色，衬衫勉强还有几粒扣子，不规则地扣着，所以显得特别拧巴。

车不是什么好车，但是该有的东西都有，比如方向盘啊，油门啊，轮胎啊……我特别仔细地看了看他脚下，竟然有刹车，这让我感觉到了点儿安慰。

在高速公路的收费口，站着好多人，经过的时候我才知道他们的分工非常严谨，有一个人负责收费，还有一个人负责撕发票，然后由另一个人负责把杆抬起来。通常来说，这种事情在我们国家，一个人就可以搞定，而且我们恨不得完全不用人操作才显得高级。但是在印度，他们需要至少三个人来配合。我说这效率也太低了，司机说他们也可以做到效率高，但就业问题怎么办呢？

这是一个很好的理由，我把显摆我们国家高速公路收费全部都自动化了的欲望，硬生生憋了回去。

一上高速公路，交通状况变得更为复杂起来，忽然不知道从哪里来了那么多摩托车和自行车混杂其中，如同百舸争流。不仅有正向行驶的车，偶尔还有逆向行驶的车，还有横向行驶的车，还有很多拉客的小客车总是在不可思议的时间、在不可思议的地点、以不可思议的方式停下，站在高速公路上的人以不可思议的速度扒在了不可思议的位置上。

不可思议！

感叹之余，我忽然发现给我开车的司机的手竟然没有在方向盘上！

他两只手捏着一包不知道什么东西在往嘴里送，仿佛开车这件事跟他无关，这难道就是传说中的“佛系”开车？

仿佛这还不足以显示他的车技，在高速公路上开车，他竟然不时打开自己的车门吐痰，然后再“咣叽”一声关上，我在想：他是谁，他要干什么，他要到哪里去？

在他反复几次后，我忍不住问他：“你为什么不开窗吐痰呢？”

他说玻璃降下来是很费电的，费电就会费油。但是这样开车门吐痰，一点儿电都不费，还很环保。

这是怎样一种脑回路呢？

优秀的他，肯定接受了 90 年的义务教育。

幸好上帝是站在我这边的，我活着而且非常健全地到达了斋普尔，我激动得都想扑倒在地上亲吻泥土，我竟然想到了“劫后余生”这个词。当地的朋友听到我这么顺利地到来，都很诧异，因为他们说经常遇到在路上醒来发现司机不在的情况。

司机不在？我很好奇。

朋友们说，这种情况一般就是司机去拜神或者干什么去了，所以赶路的时候一定要看好司机，防止他丢失了。

我微笑着跟司机告别，他除了开车很奇怪，其实是很好的一个人，我也不清楚自己怎么得出的这个结论，可能因为听到其他司机开车都差不多，让我在这个氛围下降低了对人的要求。

我的目的地斋普尔，被称为“粉红之城”。虽然它是一座小城，但也保留了印度的基本特征，就是满大街都站着人。

这道风景是非常奇特的，路边站着很多人，什么也不做，就那么站着，仿佛在说：你看我像不像一座雕像？

坦白说，一个异国旅人走在路上，路边都是注视你的眼睛，会给你一种很恐慌的感觉，这让我想起了飞机上那个眼睛不眨盯着我的朋友，他们或许把这当作一种娱乐的方式。后来我渐渐明白了，这个拥有 13 亿多人口的大国，有近一半的人住在贫民窟里，站在路上要比待在家里舒服，因为站在路上可以吹到来自印度洋的风。

这样一想就很浪漫了。

我站在路边，

你以为我卑微，

我却沐浴在印度洋的季风里。

你看我衣不蔽体，

却不知阳光就是我的外衣。

你看我食不果腹，

恒河水却任由我畅饮。

我虽没有广厦万间，

这大地的每一处都可容我安眠。

身处泰戈尔的国度，不想成为诗人都难。

印度没有太多的旅游资源，他们好像也没有想要特别开发，因此要说在印度旅行可以看些什么，还真的不好推荐。好在斋普尔已经算是比较成熟的一座旅游城市，“粉红之城”绝非浪得虚名，著名的景点有风之宫殿和城市宫殿，基本都是以粉色为主色调。

到达斋普尔的第二天，我决定去风之宫殿看看。在路上我感到口渴，环视了一下周围也没有看到有卖瓶装水的店。大概是注意到了我在左顾右盼，路边的小店里伸出一个水壶，意思是：喝吗？

我想起临行前朋友们说在印度只能喝瓶装水的警告，于是摇了摇头，她在里面笑了一下。路边有一个小伙子仿佛察觉到了我的口渴，对我指了指路边楼顶上，说那里可以喝咖啡，而且拍照最好。

看着他热情的样子，我也读出了他另有所图，莫不是骗我去消费？但是酷暑难耐，我略微迟疑了一下还是尾随他上了楼。

到了一个平台处，的确是一处绝佳的摄影之地，对面的粉红宫殿，下面的人头攒动，一览无余。果然我被推销喝杯咖啡，而且一个服务员模样的人拿着一根棍子，看起来很不友好。我厚着脸皮摇摇头，意思是我拍张照就走，并不想多做停留。这个人就拿着棍子走向我，然后帮我赶走了旁边一只图谋不轨的猴子。

我赶紧拍了几张照片，就匆匆下楼溜走了，起初带我上去的小伙子喜滋滋地看我远去，我快步走了很远才敢回头去看，看到他还在向我挥手告别。

泰戈尔说：那些把灯背在背上的人，把他们的影子投到了自己的面前。

我们何曾出行到远方，我们只在自己的心里旅行。

走近，才能看清；

远离，即是偏见。

这近与远，

从来就不是距离，

而是我们是否有那一颗敞开的接纳世界的心。

活着的意义

一个国家的精气神，全部都写在国民的脸上。一个人所经历的风雨苦乐，也都会通过表情展现出来，这是没有办法伪装的。

印度人的脸充满了各种表情，所以很多摄影大师前往印度，就是为了拍摄印度人的脸。印度人自带各种眼影等效果，所以立体感都非常强。我们笑的时候往往只有嘴部的弧线，配合着眼角的皱纹，印度人的笑则调动了脸部的全部肌肉，极其生动。

印度的高端服务业，比如各大五星级酒店，服务真的非常好，这种好是一种主动的好，不需要你招呼，也不需要你提醒，一切都是贴心的，从下车开车门，到帮忙提行李，再到所有人见到你亲切地打招呼，绝没有半点怠慢的地方。

我非常惊叹，在一个经济其实还有些落后的国度，服务业竟如此精致，让人会有一种错觉，分不清自己到底是在天堂还是在四周都是贫民窟的酒店里。

如果你有两个朋友同时在印度旅行，一个住在五星级酒店，一个在穷游，他们会对印度有截然相反的印象，觉得这里完全是两个国家，因为这实在是一个贫富分化太大的地方。我到达孟买的时候，这种感受尤为明显，这里有世界上最大的贫民窟之一，里面住着数百万的贫民。

我去拜访孟买最大的洗衣贫民区。大多数印度人是不喜欢在家里洗衣服的，因为在家里洗衣服要花水钱和电费，远不如送来洗衣贫民区划算。能用人来干的事情全部用人，没有比人工更便宜的了。

但我在这个贫民区待了两分钟就已经忍受不了了，污水穿过居住的房子哗哗地流淌着，发出刺鼻的臭味。很多洗衣工就躺在一块木板上，那是他的全部家当，老鼠肆无忌惮地跑来跑去，而他若无其事，悠然自得。

从贫民窟远远望去，可以看到著名的印度富豪安巴尼的豪宅，资料上说这座豪宅花了10亿美元，有27层楼，总面积超过11万平方米，里面有600多个用人，服侍着他们全家不超过10口人。当住在贫民窟里的人抬起头时，我不知道他看到的是希望还是绝望。当住在这座豪宅里的孩子俯视贫民窟的时候，我不知道他心中是骄傲还是怜悯。

在这种极端的对照下，这些贫穷的人，是如何活下来的？

许久前我读余华的小说《活着》，对余华的一段表述一直印象深刻，他说："写作过程让我明白，人是为活着本身而活着的，而不是为活着之外的任何事物所活着。"

基于这样的认知，余华笔下的富贵，就那么活着，他看起来没有任何目的，仅仅就是为了活着。哪怕面对亲人的离世，"富贵眼中

सरदार शहर
के प्रसिद्ध
साजी से बने हुये
अजय

流出了奇妙的神色，分不清是悲伤，还是欣慰”。

这样的生活在我看来，太过于悲观。人活着，我想不仅仅是为了活着，而应该有更为有意义的事情，那么这个意义到底是什么？

印度种类繁多的宗教负责解答这个问题。印度有大大小小的宗教几百种，其中以印度教最受欢迎。印度教将人分成了四个种姓，婆罗门掌管宗教与文化，刹帝利负责军事和行政，吠舍负责农牧手工，首陀罗是用人和苦力。刚开始听说这种种姓制度，我们很容易认为这就是阶层固化，事实上也真的就是如此。但是印度教的信徒却乐在其中，为什么？可以用蜘蛛侠他伯父的名言来概括：能力越大，责任越大。

比如说犯了同样的错，种姓等级高，受到的惩罚就加倍，而首陀罗就基本可以放飞自我。印度的宪法虽然明文规定了人人平等，但还是扛不住笃信宗教的人在心里根深蒂固地坚持这种种姓等级，因为他们在给自己套上枷锁的同时，也给自己披上了某种自由的外衣。

印度教认为人有四个层次的追求。第一个层次是享乐，声色犬马，都是人世间的美好组成，你去追求并没什么错，但是你会感受到琐碎而肤浅。认识到这一点，人就会去追求第二个层次，即世俗的成功，包括财富、名誉和权力。这个层次是社会性的，但是人也可能会厌烦，因为一切功名利禄都是过眼烟云，江山代有才人出，你领不了多久的风骚。

这时候宗教的作用开始体现，所有真正的宗教都开始于对超越自我意义的追寻。因此印度教认为人的第三个层次是责任，要照顾其他生命，并且服务于他们，在奉献自己的过程中实现自我。但这还不够，你摆脱不了人的终结之苦，因此人最终要去到第四个层次——解脱。在这个层次上你拥有了无限，你到达了梵天，你实现了永恒。

几乎所有的宗教都要提供最后一个层次的解决方案，否则就解决不了人类面对的终极问题。印度教提供了一系列达致解脱的方法，典型的就是瑜伽。印度教的瑜伽并不是我们通常看到的各种高难度的肢体动作。瑜伽是一种训练自己的方法，有“知”的瑜伽，“爱”的瑜伽，“业”的瑜伽，“修”的瑜伽，当然这也是有次第等级的，通过不断的瑜伽练习，《奥义书》中说：当所有的感觉都静止了，当心灵安定下来了，当理智不再动摇了，智者说，那就是最高的境界了。

那个境界到底是什么样子，你达到了自然就知道了，而如果你没达到，说了你也听不懂。不过相比于只让人笃信的宗教来说，印度教还是很用了一番心思的，它其实是给你指一条路，一条让你达致人神合一的路。这种方式，让佛教的开创者悉达多深受启发，而他又有所超越。

人神合一还不够，虽然人可以通过瑜伽达到轮回的最高存在，但是我从根本上就不想参与这场轮回怎么办？悉达多说，来，我教给你。

距今大约2600年前（约公元前624年），悉达多以一个王子的身份出生。他一出生，就处在了其他人梦想的终点线上，尊贵的社会地位、漂亮的外貌、王室继承人的身份，后来还有了一位公主妻子和一个乖巧的儿子。

但是他心中依然有困惑。相传悉达多在巡城的时候，在东西南北四门分别看到了人的生、老、病、死四种情景。他想这些都是周而复始的人生摆脱不掉的苦难，他的内心被极大地触动，他想寻找一种方法，来摆脱这无尽的往复循环。

于是在一个深夜，他骑上白马出城而去，在一个森林边脱下王袍，开始了自己的证悟之旅。

有人期望脱下褴褛衣衫，换上皇袍，同时也就有人希望脱下皇袍，抛弃一切世俗物欲，我们的人生互为镜像，各不理解。

离开王宫的悉达多历经六年参悟而无所获，之前所有的方法，在他看来都不是正确的途径，于是他在一棵菩提树下立誓，不得证悟不起身。与诸多诱惑斗争七天七夜后，悉达多转身成佛。

成佛后的悉达多到底成了什么？

一些人来问他："你是神吗？"

“不是。”悉达多答道。

“那你是天使吗？”

“不是。”

“那你是圣人？”

“也不是。”

“那你到底是什么？”

悉达多说：“我醒悟了。”

悉达多的这个回答后来成了他的称呼——佛陀。

佛陀就是 Buddha 的音译，这个梵文词的词根 budh 含有“醒来”和“知道”的双重含义。悉达多的这种醒悟，让他超越了生老病死的轮回，也摆脱了时间对他的限制，对于普通人来讲，这种突破无疑具有一种极强的诱惑力。

试想你身处穷困之中，但是你可以将之当作一种修炼自身的试探。如果你用悉达多的方式来修行，你终将超越这一切。换句话说，你面前虽然全是苟且，但你终将抵达一个充满诗意的远方。

这是一种很好的处理人生苦短所带来的恐惧的方案，因为这种觉悟将你的存在时间无限拉长，那么你在短期内所受的苦难就不能困住你。人所恐惧的，更多的是在有限时间里，无穷无尽的看不到边的苦难。

如何掌握这套解决方案，佛陀提供了一种“非”的方法，其他

宗教大多谈“是”，而佛陀说“非”。

如何摆脱这一生的轮回之苦，这个苦包括了不断出生、不断生病、不断毁灭、不断循环。要跳出这一无限轮回，就必须看透：一切行无常，一切法无我，涅槃寂灭。

这世界一切的表现都不恒久，这世界一切的存在都无法把握，如此，你成佛了。成了佛，你自然也就摆脱了世间之苦。

我忽然明白印度人为什么要发明“0”这个数字出来了。因为0就是没有，其实它什么都不是。但它又是存在的，所以要把握这个0，不能说它是什么，只能说它不是什么。它不是任何存在，那就是它的存在了。

所以存在就不是那么重要了，当下正在遭受的痛苦、享用的物质，你必须用超越性的眼光来看它。穷人也好，富人也罢，不过都执着在了这色相的世界中，佛说：皆是虚妄。

原来都不是真实的。

在我看来，也正是因为有了宗教的存在，印度人才能在这种贫苦中生存下来，这是唯一可以解释印度人贫苦但是平静生活的原因。

“你为什么活着？”

“因为还没到死的时候。”

“那你怎么不现在就死呢？”

“因为我还活着。”

活着做什么？为了更好地修行，以便等死亡到来的时候可以成功跨越。这样一来，生就有了意义，所有的经历也就有了价值。

一天晚上，我饥饿难忍，从酒店出来拦下一辆突突车去找吃的，突突车就是那种带棚子的三轮车，这是印度主要的交通工具。一个岁数很大的老人啃着一片面包，坐在驾驶座上问我去哪里，我说去麦当劳吧。

路上我就跟他聊了起来，说起了我的感想，他哈哈大笑：“不管怎样，生活都要继续，不是吗？”

然后我们就一起涌进了滚滚的车流之中……

生活要有所期待，
否则就如同罩在玻璃瓶子里的苍蝇，
每天只忙碌地嗡嗡地飞来飞去，
却不清楚这一切的意义何在。

游荡的灵魂

有一个比悉达多小 100 多岁的人，常年在雅典城里走来走去，他衣衫褴褛，嘴里念念有词，累了就去广场的一个木桶里睡觉。

城里的人说：这个人好像一条狗啊。

这个人就是著名的犬儒主义代表人物——第欧根尼。

第欧根尼其实家境不错，但是他总觉得身份限制了自己的自由，因此他宁愿流浪，也不愿意困守在家里。他的全部家当无非就是一根橄榄树枝、一件破外套、一床被子和一个讨饭袋。

他把生活精简到了极致，竟然活到近 90 岁。

城里有这么一号人物的确是蛮吸引人的，这件事就传到了当时赫赫有名的亚历山大大帝的耳朵里。有一天，亚历山大正在巡游，遇见了正躺出六亲不认睡姿的第欧根尼。

亚历山大问第欧根尼："有什么我可以为你效劳的吗？"

第欧根尼说："你让开一点，别挡着我的阳光。"

那么，此刻站着的亚历山大和躺着的第欧根尼，到底谁才是王者？

一个人无坚不摧，并不是因为你拥有什么，而是因为你没什么害怕失去的。

亚历山大感觉自己与第欧根尼惺惺相惜，当然他根本就是在

“单相思”，所以临别的时候，他喃喃道：“假如我不是亚历山大，我一定做第欧根尼。”

第欧根尼修行的目标不是成佛，而是成为一个“世界公民”。

他放弃了一切多余的东西，只获取维持自己生存的食物，他的目的就是不想让物质挡住生活的体悟，不让奢侈的享受挡住内心真正的需要，不让任何身份挡住自己的内心，也不让阳光挡住自己的片刻宁静，因为这一切终究都是空。

想必，第欧根尼也是极喜欢“0”这个数字的。

在印度我们会遇到很多“第欧根尼式”的人物，他们旁若无人地蹲着或站在墙角发呆，我停下来跟当地的朋友说：“他们都不工作吗？”

朋友拉着我边走边说：“别挡着他们的阳光。”

到达斋普尔的第三天，全城的网络瘫痪了，我猜是因为我用手机看了一段视频的缘故，因为印度的网速实在太慢了，我想可能只要打开手机就会影响全城印度人的带宽。这里的人并不会每天盯着手机，甚至很多人用的手机也根本不是智能手机，因此网络对他们来说好像并没有产生多大的影响。

我却烦躁不安起来，我想这世界没有我的参与，应该会有很多的缺憾吧。甚至我还总想打开我的银行账户，看看网络断了，我的钱还在不在。一个人一旦适应了快节奏的生活，就很难再让自己慢下来了。因为我们习惯了急速狂奔，所以从之前去餐馆等候就餐，变为后来不需要去餐馆，只需要等外卖，而现在外卖只要慢一点点到，我们都不能忍受了。

如果说我们对什么东西特别上瘾的话，那就是速度。

酒店的工作人员告诉我，网络出故障了，上不了网了。无奈，我出门漫无目的地瞎溜达起来。印度的大象真的很大，像一座城堡一样移动着，路边卖货的人偶尔会塞根香蕉给它，它就毫不客气地吃掉然后继续溜达。印度的牛的确自由自在，不管它要去哪里，神都与它同在。

在斋普尔水之宫殿的旁边，各式各样的垃圾遍地都是，但是各种动物悠闲地穿梭其中，也的确构成了一道很矛盾的风景。这道风景就是，你说它不卫生，但它是原生态。

再往旁边看去，有人在路边睡着了，完全不理会知了的鸣叫。据说印度人非常热爱亲近土地，所以睡觉地点对他们来说完全不是问题，想睡随时就睡了。有人坐在路边烤着玉米，烤一根吃一根，或许忘记了她的主业是售卖。有一个小姑娘扛着一个巨大的袋子，里面装满了各式各样的瓶子，我来不及数瓶子，因为那个小姑娘太美了，美得让我觉得她像一瓶雪碧，一举一动就如同雪碧里的气泡，升腾起来惊动了银河系。

当我们安静下来，才会察觉身边的生活。快速生活的节奏，让我们忘记了为何而赶路，也不记得转头去看看身边世界的模样。我们常常会有一种错觉，觉得我们的现在，就是印度人想去的未来。但是我们匆忙赶路的尽头，没准儿会有一群印度人双手合十，跟我们说：我们等你们很久了。

谁知道呢？

中华文明和印度文明，历经千年的锤炼，都依然顽强地存在着，中国人靠勤奋，打拼出了一片天地。印度人靠宗教，守护着自己的精神。

一个迷恋于油门的速度，一个沉醉于刹车的操作。

购物奇遇记

印度不算是一个适合购物的地方，很多印度人收入太低，自然对购物这件事也就没什么兴趣了。很多在公司里上班的印度人月收入低的不过1000元人民币，医生这种高收入职业的月收入也不过几万元人民币而已，但这已经足够他们生存下来，毕竟他们往往不需要在住房这件事上有太大的支出。房子很破，但祖祖辈辈传承下来，一大家子就那么住在一起，有点儿我们早些年的大杂院的感觉。

印度当地的朋友建议我去买鞋和纱丽，不过一再叮嘱我要抱着“必死”的决心去砍价，我问：“这个‘必死’的心大约是几折呢？”

他说：“提几折还是心太软，不妨就提出给个零头吧。比如对方要960卢比，你大胆说60卢比看看。”

我在想，如果我按照这个建议来砍价，我还能不能顺利活着离开印度呢？

印度的市场是分类的，比如卖鞋子的地方就全部卖鞋子，卖咖喱的地方就全卖咖喱。我跟印度的朋友穿梭在斋普尔的街道上，终于看到一家看起来很正经的店。说它正经是因为它很大，有上下两层，满墙的鞋子陈列在架子上。一个男人引领我们到二楼，在一张毯子上坐下，感觉那张毯子随时要起飞的样子，他就坐在上面问我们可有什么看上的样式。

我指了指一双看着中意的。他叽里咕噜地对一个伙计说了句话，那个伙计竟然返身扛了一个大大的袋子过来。打开后，里面全是鞋子，他一会儿说 very good（很好），一会说 great（很棒），仿佛接受了乔布斯的演讲培训一般，自卖自夸得很在状态。

我只要有任何疑问，他就把鞋子又折又叠又摔又拍，以证明他的鞋子质量是多么棒。我怕他误会，忙说："我们就买一双，并不是来批发的，不用这么兴师动众。"

他说："没关系，我把全店最好的一双给你。"

然后他就随便拿起了一双。

我问："这双要多少钱？"

他用计算器打出了 1200 这个数字。我记起了朋友的忠告，就在他的计算器上摁了 200。他把手在脖子上一划，意思是你还是杀了我吧。不过在我的一再坚持下，他还是同意可以杀了他，成交了。随后他拿出 POS 机，摁完数字让我输密码，我一看，怎么是美元？

他说，这是我们店最好的一双鞋，而且你也同意了。我说在印度买东西自然是用卢比了，他又用手在脖子上一划。这么短的时间，他已经死了两次了。

他说卢比也可以，但是价格必须是——他在计算器上摁下了

400。我心想，这个老板这么能讨价还价，而且人还这么奸猾，不要闹出什么人命来。我又忽然想起了临行前朋友的告诫，千万注意安全。我赶紧说好好好，拎着包装好的鞋子就冲出了店门。

这双他们店最好的鞋，我最终还是没能穿着回国，因为我穿上第二天，它的底儿就掉了。

但当时我并不能预知它可怜的寿命，从鞋店出来我们就奔赴了纱丽店。纱丽店老板长得非常印度，黑黑的脸庞，有几根白色但几乎可以忽略不计的头发，五短身材，但穿着一件白衬衫。

我问他这里的纱丽是以卢比计价还是以美元计价。他说卢比，从 1000 卢比到 10000 卢比的都有。虽然在我看来，纱丽不过就是一大块丝绸而已，但在店老板的各种缠绕方式下，它很快就变成了飘逸的长裙。虽然穿在这位矮胖老板身上的卖家秀不怎么样，但是在一种“来都来了”的心理驱使下，我花了 3000 卢比买了一件。

这件纱丽被我成功带回了国内，但是有一个问题，就是我太太已经洗了三次了，水还是污浊的。最后我太太彻底放弃了洗干净它的打算，把它上面的一朵花裁剪下来，放在一个玻璃相框里，作为我曾经去过印度的纪念。

在印度购物颇有一种有钱也买不到什么好东西的感受，我的最后一次购物是在斋普尔王宫的门口，一个穿了一件貌似已经没有扣子的白衬衫的家伙躺在树下，怀里抱着一些小框框。他见我走过去，就慢慢地靠近我说："我自己画的，你看看。"

我一看是斋普尔各种景点和动物主题的画作，上面用贝壳羽毛等装饰了一番，然后用一个封了玻璃的木框封起来，还算精致。我看了看他，又看了看他的作品问："你自己制作的？"

他点点头，然后说不贵，1200 卢比一个。

我翻了翻，有三幅我觉得还挺满意的，就跟他说："1200 卢比三幅。"他摊摊手，意思是，那就算了。在我走了几步后，他又凑上来说你再加点。我说没法再多了。这个过程进行了大约五次，我想他也是够无聊的了。我态度很坚决，如果 1200 卢比不给我三幅，我是坚决不会买的。

然后他就没再跟着我，等两个小时后我从王宫走出来，他走到我面前说："可以。"

这个缓冲时间可是够长的啊。

我说："你要不要再考虑下，确定可以？"

他说："反正我还可以画，我们成交吧。"

你们肯定觉得我遇到了未来的凡·高或者毕加索吧。

我也很想这么表述这个故事，但是我回家后在相框的角落里发现了"Made in China"（中国制造）的标记。我千里迢迢帮祖国带回了本该属于我们的艺术品，但是我安慰自己，它毕竟经过了印度洋的熏陶和佛陀的加持。

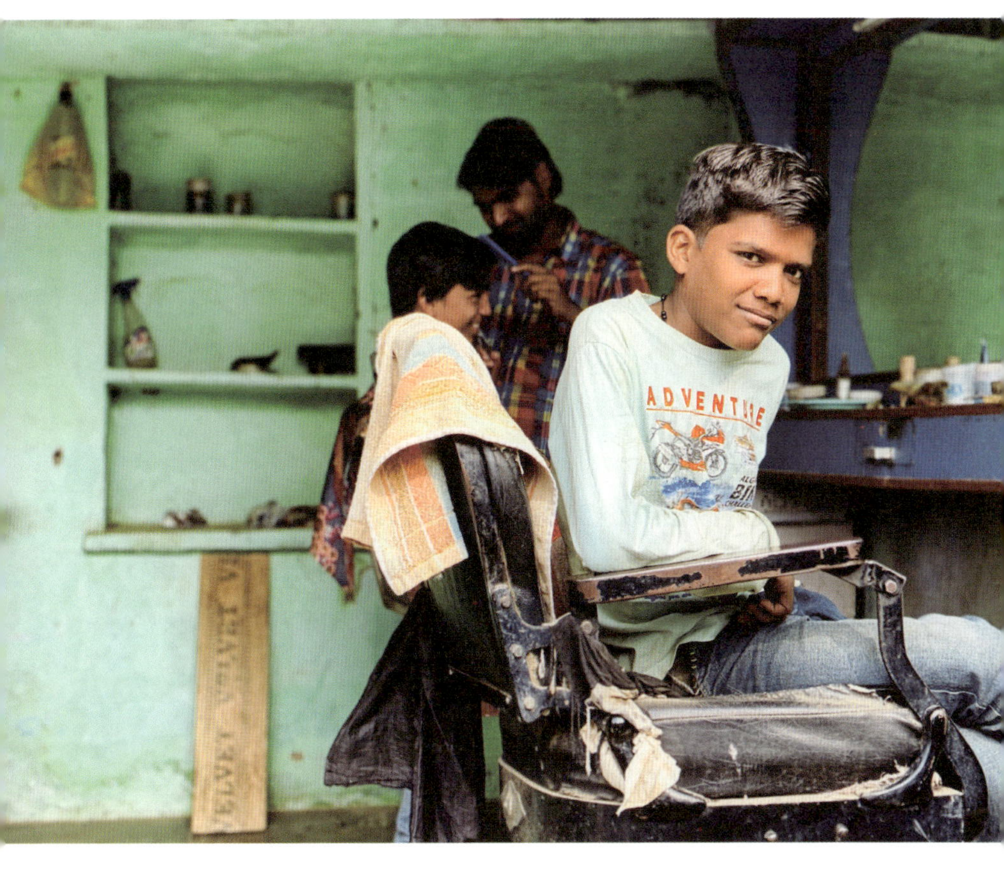

印度的性格

在印度旅行有一条纪律，那就是尽量不要向当地人问路。你向印度人问路，他们会非常认真地听，然后非常认真地给你瞎指一条路，而且他们指的路往往跟你问的路一点关系都没有。

那印度人为什么会这么“坑”呢？原因是大部分印度人不懂得拒绝别人，但他们心又很软，所以在你问路的时候，他们哪怕不知道，也会随手给你指一条路，而且指路的时候很干脆，很一本正经，让人觉得很靠谱。

说起印度人不懂拒绝这回事儿，我在斋普尔王宫参观时，一家印度人带着一个小孩在我旁边玩耍。我说：“哇，孩子好可爱。”结果这对夫妇就把孩子抱起来送到了我面前。天哪，我以为他们要把孩子送给我呢，这让我回去如何跟太太交代？

后来我搞清楚了，原来这对夫妇是希望这孩子跟我合影。孩子淘气地一蹦一跳跑开了，我摊了摊手，意思是好可惜。这两人竟然一前一后把孩子拦回来，然后抱起来“砰”的一声杵在我面前——你们从这个拟声词感受一下那种坚定的态度，直到孩子顺利跟我拍完合影才完事。

幸亏我没夸那位妈妈好看，否则后果不堪设想，我可能要多买一张机票带她回国了。

不过她肯定不会这样做，因为她给不起那么多的出嫁费。大家肯定听说过，印度人结婚的时候，女方要给男方很多嫁妆，男方什么都不干，只需要接收就可以，很多女方家庭因为结婚而倾家荡产。这跟我们国内的风俗完全不同，在中国，我听说过男方给不起钱娶不到老婆，却没听说过女方给不起嫁妆嫁不出去。

这事的真相是怎样的呢？在印度旅行的时候，我的导游中文名字叫王小明，他来中国留过学，所以给自己起了一个非常中国的名字，隔壁老王叫小明。他跟我介绍说，原因是印度女人结婚后基本就不工作了，整个家庭都要靠男人一个人工作来养活，所以压力很大，女方就会在结婚的时候出这么一笔嫁妆费，来贴补这个新组建的家庭。

他说："但是我的婚礼都是自己承担的。"

说这话的时候他表现得特豪气，特爷们儿。他顺便向我介绍说，印度很多人其实是先结婚后恋爱的。很多印度人结婚还是靠父母之命、媒妁之言。他来中国忙生意的时候，收到了哥哥发来的一张照片，然后哥哥打电话问他："你觉得这个女孩怎么样？"

王小明问："什么意思？"

哥哥说："如果你觉得没意见，就可以回来结婚了。"

王小明问："你从哪里找来的这个女孩？"

哥哥说她是父亲发小的女儿，王小明从中国回印度后从机场就去相亲了，两个人彼此介绍完觉得没什么问题，双方就见面约定婚礼的时间。印度人的婚姻动辄几百上千人参加，倒不是因为他们亲戚多，而是各种朋友的朋友的朋友，都会来参加。印度人要想尽各种理由一起跳舞，结婚这种事自然是不能错过的。

结婚后，两口子开始正式彼此了解，谈恋爱。我很好奇地问王小明："那这时候觉得不合适怎么办？"

他说："婚都结了，觉得不合适也来不及了。"

毕竟婚姻是受神的庇护的，所以印度人很少离婚，这不是没有原因的，好像他们悟透了"跟谁结婚最终都差不多"这句名言。

不仅在婚姻上很少拒绝，就是对别人侵犯他们的肖像权，他们都不会在乎，甚至还有些喜欢。如果你在北欧一些国家站在路边拍那里的人，他们会很愤怒，因为他们认为自己的一切都不容侵犯。我曾经在丹麦拍一只狗，刚举起相机，一个丹麦乞丐不知道从哪里跳出来，指着我一顿狂骂，大致意思是，拍狗为什么不征求狗的同意，你想拍就拍吗？很显然，我侵犯了"狗权"。

但在印度，只要拿出相机，印度人就好像突然被撩动了一样，纷纷做出手势，意思是"拍我拍我"。

拍完他们就凑上来看看，也不索取照片，然后满足地离开了。我无从知晓他们的心理，但是印度人是真的爱拍照。在印度，拍别人是对他们的一种尊重。有一次在我要离开一个街道的时候，一个印度人朝我手舞足蹈，我以为我摊上什么大事了，搞了半天我才明白他的意思：凭什么刚才只拍别人，不拍我？

直到我给这位老兄拍了一张，他看过后摇摇头，才放我离开。我想，他摇头，应该跟我们点赞的意义是类似的。

我和他也真是有缘分，我从斋普尔飞到孟买，在机场等行李的地方，又遇到了这位老兄。他带着一个同行的人绘声绘色地描述跟我相遇的过程，然后强烈要求我打开手机，要看我给他拍的照片。与他同行的人一个劲儿地摇头，意思是：不错不错，我也点赞。

我想，印度人的性格很类似于他们的咖喱，因为跟很多食物都可以搭配，自己的原则性也就并没有那么强了。

说起咖喱，在印度寻找美食，可不是一件容易的事情。印度菜的主要佐料就是咖喱，不管是米饭还是饼，只要混杂咖喱在其中，就可以下咽。既然是主要佐料，印度人在咖喱上真的煞费苦心，各种颜色、各种味道装饰在盘子的四周，中间放上米饭和饼，让人真的很难分清楚到底谁才是主角。

人的胃是一个很奇特的器官，它竟然可以产生乡愁这么高级的情感。我每次去英国，只要待一周，就特别思乡，因为我的胃无法承受英国的食物之轻率。但在印度，我竟然觉得我可以活下去。

抓起饼蘸着咖喱，

望着天空中鸟飞过的痕迹。

我想，那是云吧。

第二篇

走过他人设定的地狱

他人即地狱。

让-保罗·萨特

（1905—1980）

他人即地狱

人生是一个经历，除此之外再也没有别的。想想看，当你离开人世，只留些许灰尘，所有你觉得伟大的也好，不舍的也罢，统统与你再无关系。因此，有些事你越早想明白越好，这样在这次独特的生命旅程中，你就会轻松一些，洒脱一点儿。

第一件事是关于恋人的。在我们人生路上，恋人的离开，很多时候是因为我们不够好导致的必然结果。如果你太年轻，遇到一个太过成熟的恋人，不管你多么喜欢她，你都无法在感情里留住她。要么你的阅历根本不够，要么你的物质条件无法承担起稳定的生活。你是什么样的人，就会吸引什么样的恋人，如果你企图踮起脚尖高攀，往往会因为患得患失而苦不堪言。

凡是辛苦，皆源自你的强求。

第二件事是关于别人的。萨特的经典名作《禁闭》中有一句台词：他人即地狱。我们的苦恼很大程度上来自别人的评价，也就是别人对我们的喜好或者厌恶。因为你把控不住别人，所以会变得焦虑。一个人只有发自内心地知道自己在做什么，并且知道自己做的事情的真正价值，才会获得真正的自信。一个不清楚自己价值的人，只会依靠别人的评价获得存在感。

凡是敏感，皆源自你的懦弱。

第三件事是关于金钱的。我们靠运气或者小聪明获得的财富，总是被我们很努力地亏掉。当你觉得自己被上天选中来赚钱的时候，往往就是别人看上你本金的时候。除非你是职业做投资的，否则千万不要把自己的希望都寄托在那些一夜暴富的故事里。这些事情就像见鬼，总有人告诉你，他们见到了鬼，这个世界上真的有鬼，但是要让你遇上，还真是挺难的。

凡是受骗，皆源自你的贪欲。

第四件事是关于友谊的。每个人都需要朋友，他们能够在别人都奉承你的时候泼你冷水，在别人都挖苦你的时候听你吐槽。所以尽量不要跟朋友有利益上的纠葛，也不要因为利益让朋友难堪。朋友之间最好风轻云淡，在彼此没有压力的情况下聊聊天，说说八卦，吹吹牛。大家都清楚彼此，所以也没必要拆穿对方说的那些不着边际的话。朋友做不下去，要么就是因为有一方想占对方便宜，要么就是因为越出了友谊的界限，导致了角色混乱。

凡是难堪，皆源自你的过线。

第五件事是关于父母的。每个人都要学会自己长大，不管你多么爱你的父母，都不要让他们过多干涉你的生活，否则你就是一个永远没有断奶的巨婴。这个社会的进步，是靠下一代颠覆上一代而前进的。所以父母眼中的叛逆，往往意味着你慢慢走向了独立。父母的建议当然都是为了你好，但是因为只想为你好，必然导致他们无法站在全局和长远的角度考虑问题。一个人成熟的标志，就是需要自己做出决定，然后扛起自己的责任。这虽然让你有很大的压力，但也让你感受到了人格的自由。

凡是抱怨，皆源自你的依赖。

第六件事是关于社会的。这个社会每天都在发生着千奇百怪的事情，大部分都是跟你没什么关系的，因此你知道就好了，别动不动就调动自己的情绪。某明星出轨，你愤怒。某地方爆炸，你恐慌。你这一天天的冰火两重天，怎么不好好做做你手头的工作呢？要忙里偷闲聊娱乐八卦，而不是闲里偷忙做一会儿工作。如果你搞不清自己每天待办事项的优先级，你的时间就会被各种垃圾填满，最终变成一个散发着各种气味的垃圾堆。

凡是愤怒，皆源自你的无能。

错乱的交往

随着社交工具的增多，我们交往的人也在倍数级增长。为什么有些人看起来不坏，交往起来却很别扭呢？比如：你本来想开个玩笑，但是对方当真了；你想很认真地说件事，对方却当作玩笑。

你特别想显摆一件什么东西，对方给你评论时直接拆穿了你。他说的当然是对的，但你就是觉得很难受。这时候，你就可能很困惑，到底是自己太脆弱，还是对方嘴太欠。

其实双方都没错，错就错在你们不该交往。比如我认识很多做脱口秀的人，他们都喜欢把人生活成段子，每个人的伤口，他们都可以开玩笑，他们认为这才叫豁达。但是如果你不适应这种玩法，跟他们靠得越近，就越讨厌他们，因为你不习惯他们总在人的伤口上撒盐，还想着放点孜然。

我们与人的交往，可以分为三个层次，最初级的层次叫点头之交，中级的层次叫利益之交，高级的层次才叫灵魂之交。很多人的问题就在于层次的错位。比如把利益之交当作了灵魂之交，那你自然经常会有一种灵魂被出卖的感觉。

什么叫点头之交呢？其实我们生活中接触的大部分人都是这种。在偶然的场合认识了，加了联系方式，其实彼此并不十分了解。但是社交工具把对方突然带到了你的面前，你们可以每天在朋友圈看到彼此的生活状态，或者每天在同一个群里聊天。虽然觉得彼此好像很熟悉，但本质上还是熟悉的陌生人，因为天各一方，这辈子都不太可能在现实生活中有什么交集。

对于这样的人，要保持距离，因为你们本来就处于平行世界。赶巧了聊两句，赶不巧点个赞，但是千万不要试图去干涉别人的生活，或者纠正别人的三观，因为你这根葱本来就不应该出现在别人的庄稼地里。而对方如果来侵犯你的生活，让你感觉到不舒服了，你也不用犹豫，从此相忘于江湖即可，犯不着在这种交往上消耗任何情绪。

什么叫利益之交呢？这种交往当然是基于双方利益，需要了，拉近点，不需要了，离远点。比如你是做生意的，那自然有很多客户，有些人说跟客户交朋友，别扯了，我理解的朋友是不赚钱的，你理解的朋友是可以用友谊长期维系来赚钱的。该谈钱的时候不谈钱，谈友谊，买卖还怎么做？

这也是很多人买东西的时候感觉痛苦的原因，你把对方当朋友，你还怎么好意思要折扣？就算对方坑你，你好意思戳穿？你只能恨恨地说：再也不跟这样的人交往了。可是你的钱已经被对方揣到口袋里了，你这感叹又有何意义呢？利益讲究的是清清楚楚的契约精神，这样彼此才不会觉得累。

什么叫灵魂之交呢？这种交往很简单，就是双方都知道彼此的底线和尺度。因为双方都很清楚对方是什么人，所以在交往的时候，会给人一种轻松感，说得学术一点叫双方三观一致，说得江湖一点叫气味相投。比如我想买一辆车，对方会马上想，买哪种颜色或者型号更好，而不是告诉我不要乱花钱。

灵魂之交包括三个要素，第一是三观类似，对一些重大问题的看法有一致性，哪怕不一致，双方也可以在不动情绪的前提下讨论。第二是经济收入相近，所以在喜好或者消费上层次差不多，这会避免某一方心理失衡。第三是信任感，你知道跟对方交往的所有事情都不会被别人知道，这样才能分享彼此的秘密。

我们交往的人，大多数并非是大奸大恶或者大德大善之人。

我们之所以在交往中踉踉跄跄，是因为彼此走错了片场。

三观不合

我们经常听到有人说“三观”这个词，可是到底什么是三观？通常来说，三观是指世界观、人生观和价值观。顾名思义，世界观是对这个世界总体的认识，人生观是对人生意义的看法，价值观是对具体事件所秉持的判断标准。

听起来还是很抽象，我举几个例子。

这个世界是科学可以解释的还是宗教可以解释的？这就是有关世界观的问题，因为这涉及对世界运行本质的理解。

我们是按部就班地平凡过一生，还是轰轰烈烈地拼搏度过？这就是人生观的问题，这涉及对人生整体态度的认知。

你认为病人家属去砍杀医生，到底是不得已而为之，还是在赤裸裸地犯罪？这就属于价值观的问题，涉及对公平和正义的理解。

所以我们经常说两口子在一起过日子，如果三观有差异，是很难过下去的。

我出几个关于三观的题目，大家可以讨论一下。这些题目由十个问题构成，基本上涵盖了三观的范畴。

第一题：科学家信宗教，所以宗教也是科学。

第二题：这个世界其实是一个梦境，人死的时候，其实就是清醒的时候。

第三题：因为人类认知的限制，我们永远不可能知道事物的真相。

第四题：人生是平凡的，成功是极偶然的运气罢了。

第五题：人不仅仅是为了活着。

第六题：孩子成绩好，我才有面子。

第七题：我看不起没有钱的人。

第八题：男人应该多做家务。

第九题：说谎虽然是不能接受的，但是要看情况来决定。

第十题：这个世界很乱，我们过好自己的日子就好了。

是不是在讨论这些题目的时候无法达成一致，就无法一起生活呢?

不是的。

接下来才是我们要说的重点，我们所说的三观不合，其实是有三个层次的。

第一个层次，我们有不同的三观，但是我不在乎。这种情况往往是对一些无关紧要的人，或者并不经常出现在我们生活中的角色。每当有热点事件发生，我们经常在朋友圈里看到跟我们三观不一致的人，那又怎样呢?他们又不是我们的家人或者朋友，认同他就点个赞，不认同就屏蔽，不至于因为跟他们三观不同，而让自己心生焦虑。

这个层次上的三观不合，往往不会对生活产生太大影响。比如我有一个好哥们儿的父亲也在我的微信通讯录上，他转发的东西大部分标题都是“再不……就来不及了”之类的，这让我觉得他活下来就是一件非常惊悚的事。我有时候想跟他讨论讨论，但是一想他都七十多岁了，我就算有勇气跟他讨论，也没财力支撑万一把他气坏了治病的费用。反正他又不跟我生活在一起，偶尔去串串门，我觉得也可以忍受他对我的谆谆教导，教导的内容无非也都是再不做什么就来不及了。这种情况我称为：礼节性三观不合。

第二个层次的三观不合是，我们明知道彼此有不同的三观，我们也不打算改变彼此。这类人属于离我们比较近的人，我们逃不掉也躲不开，但是这些三观的不同，还不至于影响到根本性的生活质量。

比如你喜欢看书，他喜欢玩游戏，这没什么。但是你喜欢看书，他说“看书有什么用，不就是装文艺吗”，这就是影响生活质量的三观不合。

又如你喜欢去西餐厅吃牛排，他喜欢在大排档撸串，这不叫三观不合。但是他说那牛排又贵又不好吃，你应该跟印度人一样保护牛，这就是影响生活质量的三观不合了。

其实三观一致，并不是要求两个人完全一样，而是彼此之间能够求同存异，懂得包容和欣赏。否则，你跟他分享快乐，他觉得你在显摆，你跟他倾诉难过，他觉得你是矫情。

以上这些其实从本质上来说，当然也属于三观不合，只是这些情况下的三观不合，并不会对彼此的生活产生重要影响。你喜欢看书，看就是了。他喜欢打游戏，打就是了。这些不合的三观是可以容忍的，不是什么大是大非的问题。

这个层次的三观不合，我称为摩擦性三观不合。意思就是虽然不同的三观会导致生活中的摩擦，但是这些摩擦能够通过调试来彼此适应。比如关于看书好还是打游戏好的问题，虽然属于人生观的范畴，但是双方可以接受彼此的观点，那他就在客厅打游戏，你去书房看书好了。

比较难调和的，是第三个层次的三观不合。

第三个层次的三观不合属于有严重的分歧，以致无法通过求同存异或者接纳彼此来适应。这就不是可以靠个人修养或者靠改变生活习惯来接纳的了，因为这些不合的三观会严重影响到你的生活。

比如，夫妻之间一方认为在婚姻中彼此要忠诚，但是另一方认为有外遇在某种程度上可以促进夫妻感情。你说这怎么调和？再比如，你父母认为孩子就应该对长辈唯命是从，把钱花在你养的狗身上，还不如全部给父母，你说这怎么调和?

这个层次的三观不合，我称为冲突性三观不合，意思就是因为三观的激烈冲突，导致彼此已经无法愉快地沟通交流了。

这时候，人会有两种反应。一是争吵，但是争吵只会让对方觉得，你的三观怎么有这么大的问题。人很少会反思自己，往往都会觉得对方不可理喻。二是分道扬镳，如果是两口子就离婚，如果是朋友就绝交。

很显然第二种反应才比较妥当，一个人的三观是长久以来通过教育、环境、性格、与人相处的互动等沉淀下来的一套认知系统。你可以想象要改变对方何其难，花这些功夫，还不如去寻找跟自己三观接近的人。

所以我们以后说到三观不合，要看看是哪一个层面的三观不合，不能一概而论。对有些三观不合，我们可以呵呵笑两声，然后无视；对有些三观不合，我们可以求同存异；而还有些三观不合，导致我们只能待在各自的世界里，尽量不彼此打扰。

很多时候，我们对人失望，
是因为一开始就给别人穿错了衣服。
我们很多时候凭想象脑补别人的样子，
把人打扮成我们想要的模样，
最后发现他们不是那样，
我们就大呼失望。
其实，
是我们强行把别人打扮成了，
我们想让他成为的样子。

顺杆爬的人

我们经常看到艺人跟经纪公司撕破脸的新闻，大家发现一个现象没有？对于协议，很多时候我们都是在打官司的那一刻才会认真看。为什么呢？因为在刚开始合作的时候，我们要么觉得对方不太可能做什么，要么觉得大家都是兄弟，自己不会被坑，但是随着时间的流逝，这种当初简单的合作关系就会发生很大的变化。

所以要记得，尽量不要跟朋友做生意，如果非要做生意，记得重视协议，而且利益一定要及时兑现。那么为什么很多人在合作的前期，总是给后来吃哑巴亏埋下隐患呢？其实根源就在于，有些人喜欢客气。

大部分中国人都存在一个特点，就是客气（或者叫客套）。这种客气是因为不好意思，脸皮薄。但是另一部分人就会利用你这种客气，来顺杆爬，然后占你的便宜。

比如对方跟你说："回头我送你一份赠品。"你说："不用不用。"

你说不用的原因是觉得这个"回头"可能还比较久，就顺嘴客气一下。但是对方就马上顺杆爬，认为不需要送给你。这些人利用的就是你喜欢客气的人性弱点。如果你"回头"比较快，想起来了，对方就会说："当初你说不用了的啊。"

客气在中国其实是有古老传承的，中国人是一个很要面子的民族，例如，人家给你东西，你总要推辞一下，不要不要，不好不好。如果还觉得不好理解，就想想逢年过节去亲戚家串门送礼时的情景，一方说拿都拿来了，另一方说绝对不能收。这个过程一定要来回几次，双方才会觉得关系融洽又不失礼节。

这种客气在心照不宣、有默契的人之间，是一种润滑剂，但问题就在于，如果你遇到的是利用这种客气来占便宜的人，你就会哑巴吃黄连。

这些人的行事逻辑是，一切以自己的利益为主导，这样在交往的时候，客气就成了一种工具。比如你说："等将来有机会咱们合作一把。"你可能仅仅是在客气，对方就会隔三岔五地不断追问你："现在的机会是不是合适了？"

久而久之，你就感觉自己亏欠对方，你顺嘴说的话反而变成了一种不兑现就让人焦虑的噩梦。

但是如果反过来，对方跟你说："等将来有机会，咱们合作一把。"你客气一下："没事，等机会合适的时候吧。"对方就马上顺杆爬，你已经说了没事，那这合作就可以一直不用考虑。

看清楚了吗？对方为什么可以反复无常，别人对自己和自己对别人完全是两种态度？因为他们一切以自己的利益为主导，利用你的客气来占便宜，利用你的客气来推卸掉自己的责任，就变得非常简单了。

因此，在跟这些人交往时，必须要切记以下三点。

首先，不要对着他们吹牛。虽然有时候你会有找人分享快乐的欲望，但是你分享的快乐，在他们眼中都是占便宜的可能。比如你最近拿下一个大订单，赚了一大笔提成，如果不说，你就跟锦衣夜行一样难受，但是如果说了，他们很快就告诉你，最近房贷到期了，能不能借点儿钱周转一下。所以，记得吹牛有个原则，要跟比自己混得好的人吹，这样你的吹牛可以被对方理解为谦虚。

其次，不要随便客气。你的客气都会成为对方的“呈堂证供”，在以后的交往中变成自己的压力。本来轻轻松松的人际关系，就因为你随便客气了一下，反而变成你亏欠对方了。少客气点儿，你的生活就会轻松一点儿。

最后，不要轻易接话。有些人特别喜欢给人下套，等着你表态，你一表态，对方就开始顺杆爬了。最好的办法就是沉默，或者打哈哈，或者顾左右而言他：今天天气有点热啊……反法西斯战争结束了多少年来着?

沉默是金，意思就是当你沉默的时候，钱就省下了。

此言非虚。

看清一个人

我们有时候会惊呼：我终于看清你这个人了！

这句话的背后其实是失望，是对方的行为表现或者人品表现跟自己预想的不同。所以严格来说，早些看清对方是个什么人，对我们来说是有帮助的，因为这就避免了你对他有过高的期望，进而带给自己失望。我总结了一下，要看清一个人，大约有以下几种方法。

我们可以通过一个人的朋友圈大致看清一个人。通过这个人经常转发的文章、经常打卡的事情、经常出入的地方，其实都能大致把握对方是个怎样的人。

比如一个人在一些重大事件发生时，特别会转发某一类倾向的文章，你也就大约知道对方的心理倾向了。再比如对方发出来的照片，都是经过精心修饰和美化的，你就知道对方其实活得很精致，而且肯定是外貌协会的人，因为他们对自己要求这么高，对别人自然会要求更高。

朋友圈其实很难隐藏一个人的三观，除非这个人从来不发朋友圈。有人说，对方根本就不给我开放他朋友圈的权限，对这种人，你看清不看清一点都不重要，因为人家根本没把你当朋友。

我们也可以通过一个人交往的朋友来看清对方是个什么样的

人。俗话说，物以类聚，人以群分。每个人往往都喜欢跟自己气味相投的人交往，这就给我们看清一个人提供了帮助。如果一个人总是跟骗子在一起，说他自己不是骗子，我是很难相信的。骗子会欣赏骗子，君子会喜欢君子，惺惺相惜，一点儿都没错。

所以我跟人合伙做生意前，一般都会尽量跟这个人和他的朋友吃吃饭，唱唱歌。在这个过程中，这个人可能会伪装，但是他的朋友们会暴露他的一些信息。

我们还可以通过一起经历的事情去看清一个人。王阳明说，凡事须在事上磨。在经历事情的进展中需要看对方的三个方面：一是他的行为模式是怎样的；二是他的底线在哪里；三是当出现利益冲突的时候，他的决定倾向于谁。

行为模式决定了我们能不能接受这个人的习惯，做事的底线决定了这个人的道德层次，发生利益冲突时的倾向决定了他是否是个利己主义者。

我们通常说，通过旅行可以看清对方是否适合结婚，其实也是看这三个问题：对方在旅行中的作息习惯和与人交往的方式，你可以接受吗？对方在旅行中坚持的底线是什么，比如他认为没人看到的时候可以破坏文物，你认同吗？对方在发生利益冲突的时候的行为，比如通过插队让自己不被太阳曝晒，你是否可以接受？

那么看清一个人之后，我们要干什么？

如果这个人是符合自己想象的人，当然就保持交往了。如果这个人不符合自己的想象，那就敬而远之。如果这个人不符合自己的想象，但是必须要交往，那你就要留点儿心。如果你都看清了这个人，还被他伤害，就是你的问题了。

别人伤害了你一次，是对方的错。

但不断被对方伤害，那就是你的错了。

缓冲地带

有一个视频广为流传，湖北一个14岁男生因为课间玩扑克，被老师叫到室外罚站，然后老师叫来了家长。该男生母亲来了以后，对孩子狂扇耳光，并且掐住他的脖子大骂。在母亲离开后，孩子想了两分钟，从楼上跳下，最终不治身亡。

这样一则新闻，我发现传播的侧重点各不相同，在一些家长群里的传播侧重点是：这个孩子也太脆弱了，这么点儿小事就跳楼，现在的孩子，都被惯坏了。意思就是父母都是为了孩子好，打骂一下怎么了？这孩子想不开，辜负了父母对他的良苦用心。

在老师群里传播的重点是：现在的孩子，老师根本不敢管。不管，家长说我们不负责任；管了，孩子就可能做出过激的举动，真难啊。一个班有几十个孩子，老师怎么可能面面俱到，也不可能把耐心都放在一个孩子身上。

在学生群里传播的重点是：老师也好，家长也罢，都喜欢站在自己的角度看问题，总想着让我们跟他们的想法一样，觉得我们都应该有他们想要的承受力，所以他们简单而粗暴，什么时候他们能站到孩子的角度来看问题，明白我们也是人，也需要尊严，也需要被尊重。

这就是该事件中最大的分歧，发生再多的悲剧都于事无补，因为只会强化三方已有的固执偏见。每个群体都觉得自己很无奈，但是悲剧却切切实实发生了。家长那么忙，还要被叫来学校，很无奈。老师那么辛苦，管那么多学生，还要参与各种评比考核，很无奈。学生还是个孩子，无法理解家长和老师的举动，无法拥有成年人那样的心理承受能力，很无奈。

在我看来，这里面有一样东西被忽略了，那就是缓冲地带。

什么是缓冲地带呢？就是我们在对待自己以及处理跟别人关系的时候，需要有一个缓冲，将这件事留给时间去解决。没有缓冲地带，所有人都紧绷着神经，一点点小事就会搞得剑拔弩张，导致所有的当事人只有应激反应。

在这个事件中，家长的应激反应会让她后悔一辈子，因为孩子在被她打骂后用生命来反抗了她。老师在应激反应下叫来家长，他会后悔吗？不管他多么不喜欢这个孩子，一个鲜活的生命在他决定叫来家长后没了。孩子的应激反应是无法排解自己被羞辱的感觉而选择了跳楼自杀，他后悔吗？不知道，但是他的人生本来有很多的可能性，在这一刻，都没了。

那么如何把握这个缓冲地带呢？

老师的缓冲地带，就是允许孩子能有个性的发展。不要因为一点点小事就叫家长，家长没有工作吗？我读初中的时候喜欢同班一个女生，写了不少情书。遇到这种事情，有的老师会马上叫家长来："你孩子早恋，你好好管教一下。"

很多老师在要么管得过多、要么完全不管之间摇摆，其实这些老师忘记了中间还有一个缓冲地带，那就是要管，但也没必要管得那么死。这个缓冲地带就是一个老师能力的体现。如果没有这个缓冲地带，马上喊家长过来，就让事情立刻升级了。想给孩子一个下马威，都叫家长了，家长能不在老师面前严厉批评吗？

放轻松，给孩子留个自由喘息的空间。

家长的缓冲地带，就是要在老师和孩子之间充当润滑剂。老师管理着几十个学生，当然难免会情绪失控。你想想自己管一个孩子都经常情绪失控，这应该不难理解吧。那么当老师情绪失控或者处理不当的时候，家长不能火上浇油，要在中间调剂老师和孩子的关系。

比如有次老师骂我儿子："你个死孩子，垃圾。"孩子告诉我的时候，我很震惊，但是我不能马上去骂老师。我也不能说孩子："你的确很讨厌啊，要多检讨自己。"我要做的，是先让孩子平复情绪，问清楚老师在什么情况下说的这些话，然后跟孩子说："老师所有骂你的话、羞辱你的话，你永远都不要放在心上，你的未来不是老师能够定义的。"

然后我给老师发了一条信息："我孩子回家说您在课堂上对他有一些评价，可能当时您希望孩子好，心情有些急切，所以用语过重。如果以后需要我们做家长的协助，您可以及时告知我们。私下批评，公开表扬，我们一起努力。”

我要让孩子知道，他的背后永远站着父亲，我不会坐视不管。我也要让老师知道，我永远会协助老师，因为我们的目标其实是一致的，就是让孩子变得更好，但是我也不会无视老师羞辱我的孩子。

孩子的缓冲地带，就是情绪的处理。如果孩子没有这个能力，家长和老师也要帮着培养。可以让孩子培养一个爱好，比如我儿子喜欢打架子鼓，只要有情绪了，他就会去发泄一番。我觉得这样很好。

总之，每个人的情绪都要有个出口，强行压制，或者否定孩子的情绪，都会导致更恶劣的结果。诸如“你怎么就是不能理解老师的良苦用心呢？你怎么就是不懂父母都是为了你好呢？”这些话都没什么意义，那你怎么就是不能理解孩子的承受能力呢？

心理学家弗兰克尔的书《追寻生命的意义》中有一句话：刺激发生到我们的回应之间，应该有一段距离，这段距离决定了我们有没有成长的可能，有没有自由的掌控。别人一刺激，我们不用马上就反应，我们可以停一停，想一想，玩一玩，然后再决定怎么反应比较合适。

踢踢球，打打架子鼓，写写发泄情绪的小作文，打打游戏，等等，都可以是孩子的缓冲地带，在他无助的时候，至少还有件他喜欢的事情可以让他缓解一下。否则孩子只剩下学习，他的两边，一边站着老师，一边站着家长，确实很让人绝望啊，因为完全没有自己的空间，自然也就没有了自己的缓冲地带。

命运这个东西说不清楚，放轻松，给彼此和自己一个缓冲。

毕竟活着，一切才有可能。

关于人际交往

每个人跟别人交往，都会奉行一种信念，这种信念一旦固定，就会成为我们与人打交道的模式。所以我们经常听到有人说：己所不欲，勿施于人。还有人说：人不犯我，我不犯人；人若犯我，我必犯人。这些都是人际交往的模式。我将人际交往归纳为以下五种模式。

第一种人际交往的模式是“先下手为强，后下手遭殃”。

这样的人信奉的是斗争哲学，与天斗，与地斗，与人斗，都感到非常有乐趣。在战争中，这种模式很好，往往能把握先机。但在现实生活中，这种模式让人很辛苦，因为总要去揣摩别人可能的动机，以便抢先下手。

这样的人生很容易暗黑，不是吗？

比如曹操就精通此道，他总觉得华佗可能会趁着做手术的时候对自己下手，所以他就提前把华佗给杀死了，导致自己头疼欲裂的时候总是感叹：悔不该杀那华佗啊。

因为这种人理解别人的境界，超越不了自己的狭隘。狭隘也就罢了，这种人还超级有行动力，这就很有杀伤性了。

第二种人际交往的模式是“别人怎么对我，我就怎么对别人”。简单说就是：以其人之道，还治其人之身；人不犯我，我不犯人；

人若犯我，我必犯人。

这种人比第一种人的层次稍微高一点，因为这种人是基于对方的具体行为，而不是凭空揣测的动机来与人打交道。你骂我了，那我就骂你。你打我了，我就打你。你讽刺我了，我就羞辱你。

这存在什么问题呢？那就是我们总是被别人牵着走，别人的行为成了我们行事的依据：你让我发火，我没办法；你让我生气，我迫不得已。

这种人很容易把自己情绪的遥控器交到别人手里，所以患得患失。自己的一切喜怒哀乐，都是由别人怎么对我来决定的。比如有人发现另一半有外遇，他就立刻开始滥交，他未必喜欢纵欲，就是喜欢这种报复对方的感觉。

第三种人际交往的模式是“我不想别人怎么对待我，所以我就不这样对待别人”。这种模式就是儒家提倡的“己所不欲，勿施于人”。

这条准则也被认为是世界伦理的金规则，因为几乎任何宗教中都可以找到这条行事准则。比如在犹太教故事里，有一个异教徒问拉比[①]西勒：“你能否把犹太教的所有律法在我单腿站立的时间内告诉我？”西勒回答说：“己所不欲，勿施于人。”

---

① 拉比：犹太人中的一个特别阶层，为老师、智者的意思，在犹太教里负责执行教规、律法和宗教仪式。——编者注

这种模式当然比前两种都要层次高一些。因为关注点从别人身上开始变为反省自身，我不想要的，就不能强行给予别人。比如我不想被爱人冷漠对待，那么我就不该冷漠对她。这种模式更多从反面的角度去思考问题，但是存在什么问题呢？那就是你所谓的“欲”，虽然自己不想要，但是对方未必就不想要。万一你不想要的，对方正好需要呢？此所谓，汝之砒霜，彼之蜜糖。

因此，比这个金规则再进一步的是第四种模式，“我想别人怎么对待我，我就先这样对待别人”。简单讲就是“己欲立而立人，己欲达而达人”。

我想要的，我先成全别人；我想达成的成就，我先协助别人来达成。这种模式比“己所不欲，勿施于人”更为积极进取一些，因为“己所不欲，勿施于人”可能导致不作为，而这种模式却是君子成人之美。

但是这种模式是不是最好的？不是。

因为你的“欲”，未必就是别人的“欲”，你想要的“达”，别人可能不想“达”呢？比如父母认为早早结婚才是幸福的，于是就以各种方式催促子女结婚，但是孩子如果这辈子就想单身呢？因此这种模式很有可能招致别人的反感，逼迫别人屈从于自己的“欲”和“达”。

那么最好的人际交往模式是什么呢？我认为应该是“我就是这

么对你，至于你们怎么对我，随便”。简言之就是，反求诸己，由内而外。

这样的人，更加关注自己的处世态度，因为我们永远无法把握别人是怎么想的，因此我们按照自己的底线和准则行事即可，至于别人怎么对我们，只能随缘。我们做了好事，别人可能会误会我们，我们解释该解释的，如果对方就是不理解，那也没办法，随缘吧。

在这种模式下，如果你要问我的处世态度和准则，我有四条。

对朋友当然要经常来往，要帮朋友谋利益，而不是利用友谊占便宜。你不能说：“看在我们是朋友的分上，能不能便宜点？”那朋友在你眼里算什么呢？我喜欢说的是：“看在我们是朋友的分上，我希望你可以更贵一点儿。”

对有商业来往的普通朋友，他有需求，我有供给，用钱解决，不谈其他。

对大部分陌生人，我不把他们归为敌人或朋友。很多人其实跟自己没关系，我们彼此路过，大家各自都忙，没精力培养那么多爱恨情仇。

对伤害过我的人，我不原谅他们，当然更不会感恩。我尽量修炼自己，不在乎他们，我能做的，就是尽量不让自己的生活跟他们有任何关系。

就是这样。

第三篇

走过苍凉孤独的66 号公路

在不能共享沉默的两
个人之间，
任何言辞都无法使他
们的灵魂发生沟通。

梅特林克
（1862—1949）

向西的行程

如果给你一辆车，让你沿着路一直开，你开多久会觉得无聊和空虚?

美国的66号公路对我来说是一个新地方，虽然我后来一直想重温第一次走过的感受，却迟迟没能如愿。我想，这辈子也就走这么一次了。

我们先从1848年的一个早上说起。在美国加州的萨克拉门托，一个叫马歇尔的木匠像往常一样，来到河边检查河道水流的情况，因为他被大地主萨特雇用，要在这里建一座锯木厂。

在观看水流的时候，他看到水下有一些闪闪发光的东西，很快他就确定这是金子。这个消息开始在工人之间悄悄流传，他们在工作之余就偷偷溜进山里淘金子，然后拿着淘到的金子去镇上买点生活用品和酒。

这事很快就被大地主萨特知道了，他竭尽所能地封锁这个消息，同时开始大规模购买土地。但是镇上的杂货铺老板布兰那也通过工人知道了这个消息，他带着金沙前往圣弗朗西斯科到处宣讲发现了金矿这一新闻，很快就引起了极大的轰动，成千上万的人前往萨克拉门托淘金，人人都怀揣着一夜暴富的梦想。

但是造化弄人，最早发现金矿的马歇尔身无分文，穷困潦倒，试图封锁消息的大地主萨特在四年后就宣布破产，而杂货铺老板布兰那却通过囤积各种淘金的工具、生活用品、食品赚得盆满钵满，布兰那还出租存放金沙的库房，成了真正发财的人。

跟布兰那一样聪明的还有年轻的犹太商人李维·斯特劳斯，他通过向淘金者出售帆布做的牛仔裤，成了成功的商人。

在这一轮炒作的背后，其实最受益的还是加州这个美国的西部世界，它在以后的百余年里慢慢崛起，跟美国东部的纽约等发达地区分庭抗礼。人们唱着《哦！苏姗娜》，怀揣着一夜暴富的梦想："哦！加利福尼亚，那是为我安排的地方。我到萨克拉门托去啦，脸盆儿放在膝盖上。"

往西去，一路往西，成为后来百余年美国人的主基调。

自然，如何贯穿美国东西部，也就成了摆在美国政府和人民面前的一道难题，于是 66 号公路应运而生。可以说，66 号公路是美国历史和人民的选择。66 号公路的修建断断续续，先是一段一段的小泥路，后来变成可以通马的土路，直到 1926 年政府才开始投资，然后又用了 10 年把这些路贯通了起来。

66 号公路东起伊利诺伊州芝加哥，西至加州洛杉矶圣塔莫妮卡，全长约 3939 公里，横跨 8 个州、3 个时区，是美国当之无愧的"母亲之路"。

虽然现在 66 号公路在交通运输上的地位逐渐被高速公路取代，

更多承载起了记录美国公路历史的责任，但是这条路依然吸引着无数旅行者前往，因为这里有阿甘跑步的印记，是《赛车总动员》的赛车路线，也有凯鲁亚克《在路上》描述的颓废感。

自驾游66号公路并不是一件容易的事情，因为中间很多路段已经荒废，也有不少路段被印第安人重新圈起来变成了私人土地，要强行闯过是需要胆量的。我就听过一个故事，在美国，如果你在上下班路上看到一棵果树，你贸然闯进去偷摘果子，可能面临主人开枪的惩罚。这个概率有多高，我不清楚，但只要一想到就提心吊胆起来。

一位在美国生活多年的朋友给我提供了简单的培训，他告诉我，在美国开车跟国内有一个很不同的地方，因为美国地广人稀，所以很多地方没有红绿灯，因此他们在一些路口只会设置一个“STOP”（停）的标志。开车的时候只要见到这个标志，就需要完全踩住刹车三秒钟，不管有没有行人。然后还要左右看看，确保安全后才可以通过。如果你不确定三秒钟有多长，就可以在心里默念：一千零一，一千零二，一千零三。

既然没有红绿灯，有很多车时怎么办呢？岂不是挤成一团？他说，那就施行一边一辆的原则，完全靠自觉，如果你不自觉，就会被鸣笛警告。

要去陌生地方开车，自然就会对诸多细节探究个没完，我又问他："那在美国是怎么加油的？"他给我绘声绘色地讲了一番，大致是说，很多美国的加油站都需要你自己加油，除非有些州出于安全的特别考虑。这对我来说就太复杂了，他最后安慰说："你只要加一次就明白了。"

很多事情都是如此，在做之前都会觉得特别烦琐，充满了困惑，但是只要走过一次流程，就觉得很简单了。这也是人与人沟通里颇让人头疼的一个地方，有人觉得这件事其实很简单啊，而对于没有任何经验的人来说，就云里雾里不知所云。

就如同给小费，没给过的人一定会想：怎么给，什么时机给，用什么姿势给，给的时候说什么，是一只手拿着钱还是两只手奉上。

现在有人问我的时候，我一般回答说：

到时候你就知道了。

HISTORIC
ILLINOIS
U S
66
ROUTE
BEGIN
ART INSTITVTE CHICAGO
SELF PARK

物品的准备

出发前我毫无头绪，这次旅行也完全没有经验可以借鉴，于是我整理了一大行李箱的物品，觉得什么都可能用得上。我平时有一个旅行物品清单，因为我特别厌恶在旅行中发现自己有遗漏，所以每次都会对照这个清单来准备。比如每次出门我都会带一本书，一般来说这本书要么跟旅行的目的地有关，要么跟自己那时的情绪有关。

但多次的经验告诉我，最好是带跟旅行目的地有关的书，因为旅行过程跟书的内容可以互相印证。如果带的是跟自己情绪有关的书，很可能连翻动的心情都没有，为什么呢？因为旅行就是想改变情绪，否则你就不会出行了。

再比如，我一定要带的还有魔术头巾，它的作用特别多，可以防沙尘，跑步的时候可以当头巾，也可以放在手腕上当汗巾。就颜色来说，我觉得越鲜艳越好，这样全身上下至少有个亮点所在。

鞋子是既占地方又重的东西，所以我每次出行只带三双，一双跑步鞋、一双白鞋、一双稍显正式的鞋，用来搭配不同的衣服。我也不明白人类怎么在鞋子上折腾了那么多的花样，对脚太好了，对手就没那么友好，因为至少我没那么多花样的手套。

我还有三四个小袋子，里面装满了不知道什么时候会用到的东西，药品啊，巧克力啊，榨菜啊，棉棒啊，指甲刀啊，小剪刀啊……反正我无法归类的东西，就全部放到里面。这省却了我很多的痛苦，但也导致很多物品浑水摸鱼在里面偷占旅行名额。有一次，有一根火腿肠过期了，还跟着我旅行了一年多。

洗漱用品，从洗发水到沐浴液，我全部都自己带。有些旅行者很不理解，觉得不过就是短短的旅行而已，不用这么讲究。但是我经常在路上，对他们来说，旅行或许是在生活中开个小差，但对我来说，这就是我的生活啊。生活难道不是一天天累加起来的吗？善待每一天，本质上来说就是善待自己。如何过一天，可能就代表了要如何过一生。

最让人苦恼的是各种充电器材，再加上缠绕在它们身边的充电线，七缠八绕的，我干脆把它们封在一个小袋子里算了。每次到酒店，把它们全部揪出来放在床上，我就相当崩溃，要用某一条，就需要拎起一头抖啊抖，用完后我还需要把它重新装回袋子里，让它继续跟同类缠绵。

我的人生为什么要跟一堆线做斗争？到现在我都没找到理顺它们的方法。生活越方便，科技越发达，线就越多，因为电子设备多了。我经常看着它们说：难道你们就不能变成一根吗？

它们用妖娆的姿态缠绕在一起，集体喊：不，我不想。

在收拾完行李箱后，我坐在箱子旁边想：天哪，这就是我的全部人生吗？

如果我出行的时候在某个地方遭遇不测了，也就只有这些东西陪伴着我了。这让我颇为伤感，毕竟房子那么大，我也无法搬着它一起旅行。难怪有些人决定要出门，在去火车站的路上又返回了，大约是想起房子的价值，觉得旅行简直就是糟蹋钱。

其实每一次出行归来，我都很感慨，很多东西根本就没派上用场，但下次出门还是会被装进行李箱，因为我在想：万一需要呢？

之前十年旅行我都没在路程上感冒过，但我无法保证下一次就不会感冒，所以感冒药还是要乖乖带上，带其他物品的思路也大致如此。

“万一”是让旅行变得越来越复杂的原因，因为谁都无法预测未来。这只能靠经验的积累，经验积累得越丰富，就会越明白什么是必备的，什么是多余的，而且这个经验只属于个人。

我特别羡慕一些轻装简行的朋友，跟我一起自驾游 66 号公路的一位朋友就只背了一个简单的背包，我很好奇地问：“难道你就不怕万一吗？”

他说：“不是有你在吗？”

哦，我明白了，我们推崇的极简生活，其实是有人在背后帮你复杂。

孤独的力量

凯迪拉克汽车公司组织了这一次活动，抵达芝加哥的时候我发现同行的有十几辆车、几十号人，整个车队浩浩荡荡，颇为壮观。

旅行的动人之处在于，总是有很多意外会发生。活动的承办方有着丰富的经验，车队的最前面是他们的老司机带队并控制车速。但是刚出发没多久，在一个拐角处，这辆领头的车被警察急吼吼地鸣着警笛拦了下来，我们不知道他要接受怎样的盘问，但是我们开着车小心翼翼地从他的车面前开过的时候，心中充满了窃喜。

这种反差有趣极了，就如同一个行走江湖多年的大侠，干掉了无数的恶人，一出手就是绝杀，但是不小心被一个树墩子给绊倒摔残了。

我看很多电影电视剧的时候，都有这样的奇妙想法，人生就是充满了意外啊，哪里有那么多的精妙计算和一切尽在掌控的幸运。

跟警察交涉完，这辆车又赶了上来，并用对讲机告诉我们，警察对他说，这么多车都开得很好，为什么他横冲直撞，见了红色“STOP”标志却没有停够三秒。

车队刚出发，每个人都异常兴奋，在对讲机里叽叽喳喳。渐渐地，声音没了，只有信号干扰对讲机偶尔发出刺刺啦啦的声响。当我们身处热闹之中时，不会遇到孤独的困扰。一旦大家归于沉寂，每个人就需要照顾好自己的情绪，这是需要勇气的一件事。

孤独，是一种很高级的享受，是一种摆脱了人际关系的烦扰后，内心和自然、和周遭环境的一种直接接触。如果说寂寞是无人搭理而被动产生的一种情绪，那么孤独则是自己刻意选择独处的一种状态。

当我们的车队行驶到得克萨斯州的时候，我们几乎都是静默着前行的。得州有大片大片的荒漠，这些荒漠并不是黄沙遍地，而是有各式各样非常低矮的灌木所拼凑出来的一种荒凉感。

灌木并没有多到足以覆盖地面，随着时间的推移，地面沙化，黄色显露了出来，所以这样的景致更容易给人绝望感，因为你可以感受到时光流逝的痕迹。这种绝望感是黄色要吞没绿色而我们又无能为力导致的失落。我们行走在这样的荒凉之间，公路笔直，一直延伸到天际，四周没有声音，只有汽车发动机在燥热空气中的喘息声。

此时有各种词汇可以形容这种感受，我却觉得没有一个非常贴切。

外界越是荒凉，心灵越被滋养。因为你不必伪装，也不必扮演，你就是自己。身处荒凉，谁管你是谁，你管他是谁。所以，人若不会享受孤独，便永远不会成熟。一个人不能享受孤独，就会很寂寞。

其实孤独感跟环境无关，它可能随时随地出现。但是太让人绝望的周遭，的确也更容易引发孤独感。我第一次真正理解孤独，是在读到德国哲学家海德格尔的时候。

海德格尔把人的存在分为两种：忘失的存在状态，念兹在兹的存在状态。

什么意思呢？当一个人活在“忘失的存在状态”时，就活在了事务的世界里，沉浸于日常琐事，留恋于风景之中，此时的人忘记了自身的存在，他完全是基于外界的需要而存在的。简言之，他是被外界驱动着的。

比如开车在路上，我们只看到了风景和别人，这就是“忘失的存在状态”。再比如在日常生活中，别人发个微信，你立刻回应。别人唱歌缺人，喊你，你立刻前往。你专注于“无所事事地闲聊”，迷失于别人构造的需要之中，此时的你是不会感受到孤独的，因为你自己根本不存在。

你就如同身边的一个杯子、一支笔，它们存在吗？它们只有别人需要的时候才存在，所以它们热衷于这种被需要，因为它们渴望存在感。

这样你每天可能活得很热闹，可是这种热闹程度越激烈，你就越迷失自我。

这样的人忽略了另外一种存在，也就是“念兹在兹的存在状态”。佛家有句话叫“活在当下”，跟这个类似，就是随时察觉自己本身的存在。比如现在。你感觉一下自身的存在状态，你四肢的感觉如何？你的肠胃感受如何？你的体温怎样？你的情绪怎样？你拿手机的姿势是怎样的？你是用哪根手指在触碰手机的屏幕？这些才是你，当你开始意识到这些存在时，你摆脱了较低的层次，而将你的存在模式提升到了更高级的模式。

想到这里的时候，我意识到我正在开车，而车上的人还都活着，万幸！

当一个人开始考虑自身，也开始照顾自己的存在，会带来两个问题。一是你让自己成了世界的核心，而不是让自己成为世界或者他人运行的陪衬。二是因为你脱离了别人而存在，你也就自然感受到了一种孤独感。

这种孤独感包括：你要意识到自己的存在，需要自己做出人生的每一个选择，而不是外界逼迫你选择，你的下一步选择将影响你的未来。你需要独自面对死亡，不管你是什么地位、什么身份，你无法分享在死亡到来前的失落感。你需要照顾自己的情绪和思维，所谓的焦虑都是你自己导致的，跟这个世界其实没什么关系。

我把这些想法告诉了车内的朋友，一个朋友精辟地总结说：“一切过去，都是你活该呗。”

我说其实还包括：一切未来，都是你现在的决定。你逃无可逃，躲无可躲，你把一切都推给外界，不过是为了放过自己而搬出的说辞罢了。你明明无法欣赏风景，却说风景不过如此。

这个话题越聊越深刻，大家让我换到副驾驶座位上详细说，其实我知道，他们是怕死在一个乐于思考的哲学家司机手里。

我也觉得有必要再深入聊一些，没有比在孤独的路上聊孤独更过瘾的事情了。孤独是心理学的一个终极问题，享受孤独就是把这一切都重新肩负起来。而意识到孤独，却不做任何处理，则会引发心理疾病。因此，享受孤独，不是一般人有资格使用的语句，只有强者才配得上。

朋友问："那怎么叫享受孤独？"

我觉得，首先是你要经常意识到自身的存在，身处世间，你不能随波逐流，或者基于别人的需要而存在。你有自己的存在方式，你要经常懂得将这个自己唤醒，以清楚自己的定位。

让自己肩负起责任，就是充分利用了孤独。孤独并不应该是逃避，或者把自己关在书房里，那是形体的孤独。真正的孤独有点儿像走夜路，自己挑灯独行，去照亮路过的角落。这样你就勇敢起来，因为孤独的你，正在创造自己的世界。

这样你就可以豪气地说：来路孤独，常有欢喜。

我们聊完这个话题，车内比原来更加安静了，我意识到我们更加孤独了。好在这个时候下起雨来，从乌云聚集到雨落在地面，只用了一瞬间的工夫，快到我们都没有意识到乌云是什么时候偷袭而至。雨滴落在干旱的灌木上，只听得噗噗的声音，瞬间就消失得无影无踪。

这种景致的转换颇为壮观，刚才还骄阳似火，忽然乌云密布，仿佛世界末日，而我们是逃亡者。对讲机里不停地说着要维持车辆之间的间隔，雨刮器开足了马力不停地摇摆着。我想雨应该是上帝的拥抱，他无法表达对你的好感，于是张开了双臂，化作了倾盆大雨。

沙漠里的雨来得快，去得也快，不到一个小时，乌云出现了裂痕，阳光从缝隙中照射下来，仿佛是佛光一般，此时的阳光显得特别有力量。

我们把空调关掉，

打开窗，

深吸一口气，

仿佛吞下了所有的阳光。

不管你曾经历怎样的繁华与喧闹，

最终还是要靠自己孤独地走完人生的全程。

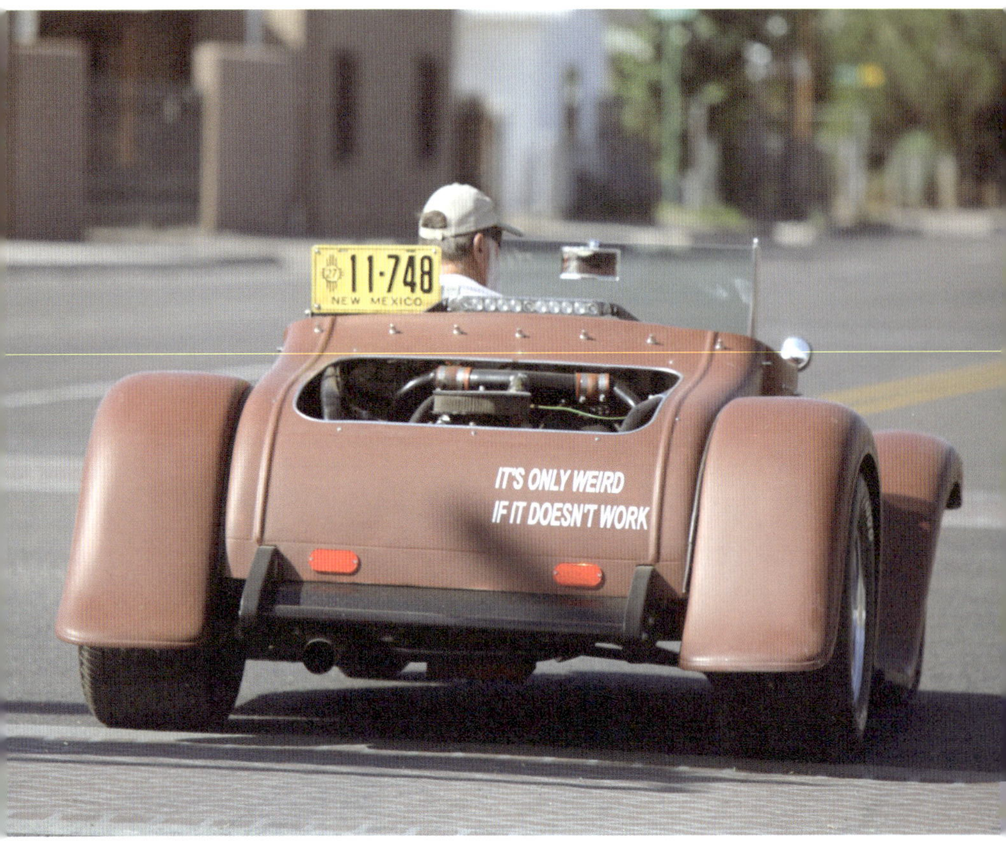
11-748
NEW MEXICO
IT'S ONLY WEIRD
IF IT DOESN'T WORK

静默的勇气

辛弃疾阅尽人生百态，尝尽了愁苦，按理说应该有很多谈资可以跟人诉说，但是他想来想去，最后只从嘴里讲出一句：天凉好个秋。这是怎样的一种孤独感？

这种孤独不是一种无法言说的心理，而是觉得即使我说出来，别人也不会有所触动，所以还是算了吧。因为他要说出的东西，对那些听他说话的人来说，毫无共鸣，对方只会把它看成是一种普通感情，一种大量制造、在市场中贩卖的又一则伤心故事罢了。

想说，又觉得不必说，这的的确确是一种孤独感了。

66 号公路沿途有许许多多的小店，酒吧、餐馆、修车店、汽车旅馆，它们当年在 66 号公路繁华时提供着各式各样的服务。随着 66 号公路的没落，按理说这些小店也早该关门大吉了，但是很多小店依然倔强地开业，这显然就不是为了赢利了。

当车队进入新墨西哥州的时候，有一处经典美剧《绝命毒师》的拍摄景点，于是我们就怂恿着车队前往。在前往的路上，我拿起安静了许久的对讲机，跟大家讲起了《绝命毒师》的故事梗概。故事讲的是一个化学老师，因为身患绝症，夫妻关系也不冷不热，在极度无聊的生活中，他觉得要在人生的最后关头拼一把，于是开始制作起了冰毒。

我手舞足蹈地讲完，相信其他人一定被我的热情打动了，但是对讲机里一点儿回应都没有，继续保持着静默。直到我从美国回来的四年后，同车的一位朋友在朋友圈里发了一条：听说很多人推荐《绝命毒师》这部剧，我决定搜出来看一看。

看到这条朋友圈的时候，我忽然明白了当年大家静默的原因，大家根本没看过，自然也无法对我的激动感同身受。想来，我还是不如辛弃疾高明，如果换作今天的我，有人要带我去这个地方，我只会把百感交集表达成一声“哇”。

不表达，是一种孤独。

但是表达出来无人共鸣，是一种更大的孤独。

这个拍摄过《绝命毒师》的地方，其实就是一家咖啡店，《绝命毒师》也不过在这里拍过一个黑帮的聚会，所以店主看到我们这个队伍赶来的时候，也感到莫名惊诧。我们几个美剧粉丝围着店主让他讲讲当年拍摄的情景，他木讷地看着我们，沉思了许久也只说出一句：“也就那样。”

如果我们继续追问“也就哪样”，就显得颇不识趣，于是众人散开，我推开店门寻找了许久也没有发现任何拍摄痕迹。这让我想起在合肥离我家不远的地方，有一家粤菜餐厅，店门口立了很多易拉宝，上面全是各个名人来店里吃饭的照片。每次我去吃饭，都要先经过这些合照被洗脑一番。这是一个唯恐自己不被关注的时代，从营销层面上来说，这种做法无可厚非。

但如果有的人默默地做着生意，我也真真切切地佩服。一家店就如同一个人。如果一个人只是被热闹吸引，他就很难静下来思考。而如果一家店把精力都放在营销上，可能会慢慢变得徒有其表。

我们是否在各种鼓噪的声音中，忘记了自己的初衷?

离这家咖啡店的不远处，有一个路标，我跑过去举起手机拍下了下来，上面有到世界各大城市的距离。在苍凉的荒漠里，这个点本来是没有任何意义的，但是它竟然把自己当作世界的中心，并且大言不惭地让其他各大城市做了陪衬。

我把照片发给了太太。太太回复说："这么一块破牌子有啥好拍的？"

她不知道我站在此处的壮怀心情，一阵风吹来，吹乱了头发，会感觉到一种酷酷的美，美到心里化成了豪气，仿佛一张嘴就可以气吞山河。

如果我再把这些心情告诉她，她怕是会立刻飞来摸摸我的额头，得出我病得很重的结论。

这也让我理解了梅特林克说的那句话：在不能共享沉默的两个人之间，任何言辞都无法使他们的灵魂发生沟通。

曲解的遗憾

我们急于向每一个不能理解我们的人去解释，却得到了更多的曲解和误会。

我想旅行大致分作两类：一类是总去一个老地方怀旧，一类是不断到新地方猎奇。前者通过安静反思，更深入地了解自己。后者通过不停进行地点转移，来感受风景带给自己的刺激。

前者的杰出代表是亨利·戴维·梭罗，后者的代表则是杰克·凯鲁亚克。梭罗几乎一辈子没有走出过家乡，他经常徘徊在马萨诸塞州的康科德及附近的山中。他觉得自己不必去任何地方，因为他的家乡就能映射出全世界。

一片叶子就包含了春夏秋冬，一块土地就蕴含着时间的流逝，云会来，也会被风带走。他不需要去往任何地方旅行。这种生活态度，颇有些“一沙一世界，刹那即永恒”的智慧在其中。

梭罗决定独自生活在瓦尔登湖边，他从 1845 年 7 月 4 日住到 1847 年 9 月 6 日，差不多两年零两个月。他自己搭建房子，自己种豆子吃，也经常坐着发呆。这样的人，在很多人眼里看来真的无所事事，但是梭罗认为这都是别人的定义，一个人的精神愉悦与否，只有自己才有资格判定。

梭罗并不追求刻意的隐居生活，他想回归人群就回归，他想归隐山林就归隐。其间自然会有“有本事你隐居一辈子”的质疑，但梭罗并不在意，因为所谓的“有本事”，是需要向别人证明些什么的，而真正的自由，无须对什么人证明。毕竟“从圆心可以画出多少条半径来，生活方式就有这样多”。

在很多人看来，特立独行是一种病态，因为没有按照大众的方式来行事，这样的人是离经叛道的异类。

凯鲁亚克则完全不同，他渴望一种快节奏的生活，他要每天奔赴一个地方，永远年轻，永远热泪盈眶。这期间他想做什么就做什么，无拘无束，可以连滚带爬，可以踉踉跄跄，但是绝对不会只活在一个地方日渐老去。于是凯鲁亚克背着他的行囊上路了，他试图在美国的每一块土地上都留下痕迹，并把其所见所闻写了出来，汇集成一本《在路上》。

他的旅行就如同他在书中表达的态度：“我只喜欢一类人，他们生活狂放不羁，说起话来热情洋溢，对生活十分苛刻，希望拥有一切，他们对平凡的事不屑一顾，但他们渴望燃烧，像神话中巨型的黄色罗马蜡烛那样燃烧，渴望爆炸，像行星碰击那样在爆炸声中发出蓝色的光，令人惊叹不已。”

这本小说的故事并不复杂，出版后却招来了不少非议，媒体干脆把这本书当作“垮掉的一代”的独立宣言。不过凯鲁亚克并不会在乎别人如何评价，他认为：“真正不羁的灵魂不会真的去计较什么，因为他们的内心深处有国王般的骄傲。”

在我看来，梭罗和凯鲁亚克本质上是以“自我追寻”的精神需求为内在驱动的，他们想摆脱所有人的钟摆式生活——百无聊赖却要假装热爱。而他们要去探求自己灵魂的声音，所以梭罗式的隐居也好，凯鲁亚克的行走也罢，都避开了嘈杂的人群。

但他们终究还是没有避开，梭罗活到45岁，凯鲁亚克活到47岁，在他们离开后，围绕着他们的著作《瓦尔登湖》和《在路上》的争论从来没有停止过。在我看来，这种孤独感才是最难克服的，每个人都有被曲解的命运，哪怕你想做出百般解释，却终究会输给时间。

行走在路上的每一个片段，都如同《瓦尔登湖》和《在路上》的合体，如果一个人无法感受每一刻，他就会错过在路上的每一片瓦尔登湖。

当我们的车队行驶到亚利桑那州的时候，路边终于开始有人了，这让我觉得非常惊喜，同行的人欢呼着，仿佛当年从非洲出发的祖先，历经千辛万苦在这里会合。因为这一路上，人这种生物实在太稀少了。在夜幕下，我在小镇的街头流浪，忽然看到广场的一角有一个冰激凌店，店门口的冰激凌冰柜后面站着一个姑娘。围着她的一群人中，有孩子，有老人，她微笑着把冰激凌递给每一个人。

如果我是她，我在想什么？可惜我不是她，我永远不知道她的世界里有什么。一个同伴走过来跟我说：“那个姑娘好漂亮，可惜了，怎么会在这里卖冰激凌。”我就随口答了一句：“她为什么不可以卖冰激凌呢？”

是啊，她为什么不可以？谁有资格去定义她的生活？唯有她自己。

我们对别人不同于我们的生活，保持尊重。

我们对别人不认同我们的生活，保持倔强。

G 787FW

旅行的终点

所有的旅行都有终点，但好在，生活还在路上。

经过十几天的奔波，我们终于开车到了加州的圣塔莫尼塔，这里是 66 号公路的终点。对于没有开车走过 66 号公路的人来说，位于圣塔莫尼塔的 66 号公路终点牌不过就是一处景点罢了。但是对于走完全程的人来说，达到这里让人有一种事有终始的满足感，这是我们心心念念的应许之地。

我们聚在这个终点牌下面合影留念，按下快门，画面定格，那一刻就成了历史，我们只有在许久以后翻看照片的时候，才会回忆起此刻的感受。我记得读过一个句子，说人最大的孤独，就是明明在身边，却依然思念。意思就是哪怕对方就在你身边，但一想到未来还要离别，就更加感到孤独。对眼前的景物越留恋，这种即将失去的孤独感就会愈加强烈。

一路走来，虽然很多人同行，但感受却只属于自己。如同每个人都各自拥有属于自己的故事集，这本故事集里有自己看到的景物、自己的感受、自己思想。不管我们如何交换，我们也无法真正做到感同身受。哪怕一个人跟我们擦身而过，我们也无法获知他那本故事集的完整样貌。这是属于人际交往的孤独。

看过很多风景，思绪万千，却找不到一个合适的句子来表达，往往只能用语气词“唉”“啊”“哦”等来表示，这是属于自我的孤独。这种孤独来自无法充分表达的感受。

分离的孤独是另一种，一种即将剥离的失落感，走过的路、遇到的人、经历的事，即将变成过去。自己站在过去和未来的交会点，感受到时光的无情。其实，这世界上没有任何当下可言，当我们意识到当下的那一刻，它就已经成为过去。我们惶惶然站在时间交换的关口：对过去，有些许留恋；对未来，有诸多未知。

但好在，我们可以带着经历上路，每当遇到困境之时，想起曾经岁月中的某一个时刻、某一件事情，就会获得勇气和力量。这种力量穿透了时光，沉淀在每个人内心深处，让我们不断从中汲取养分。

后来很长一段日子，包括在写这篇文章的时候，我都能想起开车在 66 号公路上的片段。这让我觉得，日子再苦，也终究会被甩在身后。眼前的坎再难过，也终有阳光刺破的那一天。车轮滚滚，所有的问题都会化作灰尘扬起在身后。

我们随时都在分离，

随时都在告别，

但是这些记忆终将慰藉我们前行的孤独感。

SANTA MONICA
66
End of the Trail

第四篇

走过难以名状的爱情

人们从诗人的字句里，
选取自己心爱的意义。
但诗句的最终意义是指向你。

泰戈尔
（1861—1941）

遇见四个人

我在网易云的热评里读到一段文字：

人生可能要遇见四个人。

第一个是你爱，但不爱你的人。

第二个是爱你，但你不爱的人。

第三个是你爱对方，对方也爱你，但是最后不能在一起的人。

第四个是你们未必相爱，但最后在一起的人。

这段话之所以经典，是因为里面包含了一种悲剧色彩，往往刻骨铭心的爱情都充满了遗憾，随着时间的流逝，人对这些事情往往会耿耿于怀，于不经意间看到这样的表述，就会不自觉地代入自己的过往。那我就结合自己的理解，来说说这四种爱人吧。

第一种爱人，你爱对方，但对方不爱你。这种恋爱的对象一般是单相思的产物，严格来说，连爱都算不上。这种爱情往往在年少时期出现，隔壁班的女生温婉动人，你羞涩地写好情书，结果人家一扬手就让它在风中远去。

因为人家不爱你，所以你做什么都显得非常幼稚。但是对这样的爱人，我们往往会有一种执念，可能得不到的总是最好的。对这样的爱人，其实追求过就好，追到了当然很好，如果对方果断拒绝，你也不必遗憾。对自己来说，追求过，努力过，也就没什么可后悔的了。

第二种爱人，人家爱你，但你不爱对方。这种情况就是第一种情况的反面，如果对方在自己拒绝后识趣退却倒还好，如果对方死缠烂打，纠缠不清，那的确是一件麻烦事。我曾经问过一个问题，追一个不爱自己的人和被一个自己不爱的人追，到底哪一个更痛苦？

我觉得当然是第二种情况更痛苦，追一个不爱自己的人，自己很快心就冷了，但是被一个自己不爱的人追，却随时会面临无奈的局面。是的，一个自己不爱的人的各种举动，会让人觉得既感动又无奈。这两种情况交织在一起，非常魔幻。很感动是因为你发现对方竟然可以为自己付出那么多。很无奈是因为你会觉得，谁让你这么做的啊？

对这样的人，最好的办法就是立刻表明心迹，不要浪费彼此的时间。而如果你犹犹豫豫，欲拒还休，只会让本来无辜的自己变成一个渣男或渣女。很多感情上的麻烦，都是因为不够决绝造成的。

但是这样的爱情有一个益处，就是让你看清自己。你到底是什么样的人，看看追你的人你就大致清楚了。为什么许多人很优秀，却苦于找不到恋人呢？就是因为他们对自己有太多误解。而追自己的人让我们知道自己在别人眼中的样子。

第三种爱人，你爱对方，对方也爱你，但是最后不能走到一起。这就是我们常说的缘分未到吧。爱的条件都具备了，但是最后不能走到一起，那肯定是有不可抗拒的外力了，比如父母反对、双方收入差距过大、因为某些误会等等。

很多爱情小说中令人扼腕叹息的悲情故事大多属于此类，心理学家大多将这种情况解释为：爱是爱，婚姻是婚姻，这本就是两回事。爱相对简单，双方互相爱慕、心有好感就可以了。但婚姻牵扯到的问题很复杂，如果双方并没有就这些问题达成共识，或者并没有太坚定的信念要一起面对，那最终走不到一起的概率还是很高的。

所以对待此类爱情，有一句话最合适：不求天长地久，但求曾经拥有。

第四种爱人，你们未必相爱，却最后在一起。在一个越来越物化的年代，这类故事会越来越多，征婚都跟做生意一样，开出自己的条件，然后写出对对方的要求，合则聚，不合则散。不过也不必鄙视这些人，以我多年的婚姻经验来看，不管什么形式的爱情故事，结局往往都会走向这种情况。你很可能会发现，自己最爱的人在别人家里，而跟自己生活在一起的人，恰恰是让自己折寿的那一个。

就像所有帅哥都有老去的一天，所有爱情的归宿或许也都归于相看两相厌。这个时候，一个人就会加倍思念前面的三种爱人：如果当初我再努力点，追到那个人就好了；如果当初我答应了追我的人，至少也比现在好；当初那个与我相互爱慕的人，你到底流浪在了何方？所以你明白了吗，为什么我们对文章最开头那段话感同身受，耿耿于怀？就是因为我们大部分人正身处于第四种情况。

在这种情况下该怎么办？我观察到的方法有三个。第一种方法是赶紧分手，继续寻找下一个目标，在不断更换目标的过程中，始终保持着爱的激情。这样的人信奉的观点是，爱情不是目的，而是手段，是一种让自己保持青春激情的方式。而在他们的恋人眼中，他们则是标准的渣男渣女。

第二种方法是调试彼此。没有爱情又不是无法过日子，你跟公司的同事之间没有爱情，不也每天待在一起八个小时吗？所以我看到很多人把婚姻当成生意，这样的婚姻反而更长久，因为他们心里特别清楚自己的目的。两个人结合，会比一个人过得更好，这就是两个人继续在一起的理由。

第三种方法是维持着婚姻的形式，然后在其他地方寻找存在感。这个其他地方可以是爱好，当然也可以是工作。这就是为什么世界上许多优秀的人，其婚姻往往是不幸的。按照弗洛伊德的观点，人的性欲总要发泄出来，如果没有爱人，就会发泄到艺术领域。

我太太经常说我像个艺术家，我想她可能看透了什么真相。

可怜的现任

电影工作者们好像跟现任有仇，隔三岔五地就要出来提醒大家：别忘记你们的前任，那才是真爱。

“前任”系列电影都拍到第三部了，我们暂且就放下吧。没想到《后来的我们》这部电影又蹦出来告诉我们：别忘记你的初恋！于是电影院里就出现了极为诡异的一幕，两人手拉着手赶往电影院，身边坐着现任，两个人分别回忆着前任，回家后不停地反思一个问题：我现在过的都是啥日子？

所以说这世界上有两个人最可恨：一个是现任的前任，总让现任回忆；一个是前任的现任，总让自己嫉妒。

我也是有过前任的人，我就在想一个问题，为什么我们对前任总是念念不忘呢？其实无非有两个原因。

第一个原因是对当下生活不满，厌倦了油盐酱醋、锅碗瓢盆，再加上人到中年出现了工作危机、收入危机、肾危机，认为这一切问题都是因为跟现在眼前这个人相爱导致。当然这是一个明显的归因错误，这个错误在于你把所有的不满都归因到一个人身上了。

对现状越不满，对前任就越惦念。

第二个原因是对过往生活的遗憾。人生虽然只能回忆，但是很多片段依然让人充满了困惑。如果那天我们两个不吵架，今天依然生活在一起，生活会是什么样子？如果那天我说话不那么狠，她没有夺门而出，我现在的生活会是什么样子？这种种遗憾，再配合那时的花前月下，更加让人笃信，自己当年辜负了别人，这种内疚藏在心里，只要遇到点阳光，就想灿烂。灿烂的意思就是，总想着弥补过去的遗憾。

这种体验大概就如同罗曼·罗兰在他的《青春的甘露》中写的那样："每个人的心底都有一座埋藏着爱人的坟墓，他们在其中长年累月地熟睡，什么也不会来惊醒他们。可是早晚有一天，我们知道，墓穴会重新开启，死者会从坟墓中醒来，用他们褪色的嘴唇向人微笑，他们原来一直潜伏在爱人的胸中，就像婴儿熟睡在母亲的腹中一样。"

这种人会对现任说："你没做错什么，只是我过去做错了太多。"现任会一脸困惑地说："你说的是人话吗？"

很多人都会像罗曼·罗兰想的那样，在心里专门给前任留一座坟墓，毕竟每一份过往的爱情，都未必是以平静的句号来结束的。太多的爱情在终结的那一刻，总会有一方目瞪口呆，然后留下了惊叹号：啊！凭什么！

或者是问号：怎么会？

或者是省略号：想要解释却无能为力……

所有的这些惊叹、疑问和不甘，都被我们悄悄地隐藏在内心的某个地方，从不对别人说起。哪怕日后偶然听到这个人的名字，也只是一笑而过，以防对方在心里猛然复活，让人百爪挠心。

但我们或多或少都期待着一次重逢，来了却往日的遗憾，哪怕见一面也好，为当初因冲动留下的遗憾，以平静的姿态来加个注脚。不过我想告诉大家的是，所有的美好，基本都是回忆。久别不必重逢，重逢的结果，往往是把美好的回忆击得粉碎，导致想祭拜的时候连个坟头都寻不见。

我曾经遇到自己高中时暗恋过的一个女生，那时的她高傲冷酷，走路带风，说起英文来流利非凡。但在若干年后的某个饭局上我们再次见到的时候，她已经人过中年，岁月在她脸上直接定居，聊的话题全是家长里短、同事之间的尔虞我诈、孩子学校的鸡毛蒜皮。我想跟她聊聊当年她喜欢的卡夫卡、蒙田和普希金，她一脸茫然，随后打着饱嗝说要先去接孩子放学了。

那个扎着辫子，走路哼着小调，没事就拽几句英文的姑娘再也不见了。她没有错，我没有错，错在期待被现实撞了一下腰。腰还没直起来，我就在签售会上见到了曾经的女友。幸运的是，岁月放过了她，她拿着我的书，说："有朋自德国来，出乎意料否？"

我一抬头看到了那张熟悉的脸，同样的配方，同样的味道。我特别想知道她现在过得如何，活动结束我们在书店旁边的咖啡店坐了一会儿，她说自己过得很不好。我立刻就放心了。我很想说：

"你看，你离开我就早该知道有今日。"话到嘴边还是变成了"会好起来的"。

她加了我的微信，我看了看她的朋友圈，凡是她生活不好的部分，我都点了赞，凡是她开开心心的部分，我都视而不见。没想到她看我如此关心她，就跟我不再客气起来，把我当年的所有狼狈和不堪都数落了一遍，当然也没放过我的穷酸。我当然也不会轻易放过她，我也把她所有的缺点都回顾了一遍，我们太熟悉彼此，所以每一刀都能确保扎死对方。结果当天我们就删除了彼此的微信，然后我大出一口气，日子真艰难。

很多时候，美好的记忆只适合收藏，其实它根本没你想象的那么美好。你只记得那时的欢愉，忘记那时在一起的各种痛苦和挣扎。如果真的美好，你们早就在一起了，既然现在没有在一起，那你们就是不合适。

过往的感情如果真的让你觉得刻骨铭心，你一定会飞蛾扑火，在所不惜。既然你没有，那只能说明，你们不合适。

真正的生活，是合适，而不是最优解。什么是合适呢？就是矛盾不少，但是还可以过下去。如果过不下去，早就离婚了，没有什么比绝望更有力量了。

过得下去，就说明你在权衡利弊过后，觉得这日子还是目前最好的选择。既然你这么怀念前任，那你为什么不在看完电影后，直接跟现任说再见，然后跟前任来一场昨日重现呢？

原因就是前任没那么好，现任也没那么差。

很多人的人生或许就是这样一条路，不停地惦记着前任，折磨着现任，奔向下一任。

而我们真正应该走的路是，收藏起对前任的回忆，过去的就让它过去吧，让它安安静静地躺在自己心里。不用试图去弥补遗憾，因为弥补的时候很可能会犯下新的错误。

把所有对前任的遗憾引以为戒，来修正自己跟现任的关系，不要让遗憾再次发生，让现任又变成另一个前任。这样的人才有健康的人格，始终保持成长，让发生的遗憾变成经验。

分开了，就不必再有羁绊。

久别了，就不必再有重逢。

重逢了，也不必再续前缘。

每个人的成长都需要一个时点，

在这个时点上顿悟，

而在此之前所有的提醒都会是一种冒犯。

渣男的世界

我经常听到“渣男”这个词，我就做了一个调查，渣男到底都有什么表现?

有人说：“脱裤子前，他说你是他的整个世界；穿上裤子，他说他是你的整个世界！最后他竟然说你们是两个世界的人。”

有人说：“他会吻不同的唇，喜欢上不同的人，却不爱任何人。”

还有人说：“如果他周围的人觉得他不错，但在你眼里他很傻，这男的十之八九是真心喜欢你。如果他周围的人都觉得他很傻，只有你觉得他对你真好，这男的十有八九是个渣男。”

但是我觉得这些都不能判定一个人是渣男，因为太过情绪化。毕竟从自己的角度来说，任何一个不是自己主动提出分手而离开自己的人，你都可以说他是个渣男。只要对方不合自己心意，就可以给他扣上一顶“渣男”的帽子，而总感觉自己很可怜，就如同冬天路边卖火柴的小女孩。

“渣”这个字的意思，是物质经过提炼和使用后剩余的部分。而“人渣”的意思就是人类里面的败类了，那么“渣男”就是男人里面的败类，这些败类到底有什么共同特点呢?

渣男的第一个特点是对女性采取暴力，这是我认为男人最渣的表现了，没有之一。一个人，只有去跟比自己强的人对抗，那才叫挑战与成长。而一个人只敢去欺负比自己弱的人，那叫懦弱与耍流氓。人类文明进步的一个重要标志，就是逐渐摆脱暴力，因此法律产生了。

渣男的第二个特点是逃避责任。不同学科对人的定义是不同的，比如有生物学上的定义，有法律层面上的定义，也有哲学层面的定义。哲学中康德对人的定义是，人要符合三个特征，分别是主宰自己、享有权利、承担义务。太多人只谈前两点，却总是忘记最后一条：承担义务。承担义务的意思是什么呢？很简单，就是对自己的所有行为负责，而不是出了事情就溜之大吉。比如让女方意外怀孕了，是需要双方共同面对的。

渣男的第三个特点是伪装，表面一套，背后一套，谎话连篇。关键是这些人已经意识不到自己在说谎，因为他们往往连自己都骗过了。比如同时跟无数姑娘交往，跟每个姑娘在一起的时候都说是真爱。这样的人是真的觉得自己的真爱无穷无尽，所以需要跟世界上每个遇到的女人去分享。

关键是他们以此为快乐，说白了，他们所谓的真爱，就是性。他们伪装都是为了猎取更多的性资源。我觉得在一段感情里，最重要的是彼此真诚，失去了真诚的爱情，根本就是诈骗。

渣男的第四个特点是从不感恩，也可以说极度自私。代表人物肯定是胡兰成了。他投靠大汉奸周佛海都差点儿被杀，因为他实在太自私了，连大汉奸都觉得他太过分了。他一次次利用张爱玲为他奔波，还恬不知耻地把这事在自己的自传《今生今世》里炫耀。胡兰成的另一个情人范秀美怀孕了，他竟然张嘴要张爱玲出钱来帮着打胎。这种人肯定生活在一种极度自恋的幻觉里，觉得每一个人都该为自己付出一切，而自己则根本不需要回报她们。为什么？因为给她们爱自己的机会，就是她们的荣幸。对这样的男人来说，女人只是他们人生的附属品和供养者罢了，如果一个女人离开，他们能够迅速找到另一个来补位。

渣男的第五个特点是以打击你的自信为主要乐趣。跟他在一起的时候，他会把你贬得一文不值。他们这样做的目的就是让你臣服于他，然后时时刻刻无微不至地做他的保姆。我认为，一份美好的爱情，一定是能够在对方身上找到自信，从而发现自己的美好。

如果你在对方眼中一无是处，对方却有各种借口不跟你分手，那他的目的就昭然若揭了。他们在生活中夺走你的爱好，夺走你的社交圈，不允许你保留自己的隐私，让他变成你的唯一。试想跟这样的人待久了，你的生活就会慢慢失去光泽，你的性格也会变得唯唯诺诺。这种试图驯服别人成为自己奴隶的人，从不尊重别人的独立人格的人，当然也是人渣。

这人间，值得爱。

这人间的许多人渣，的确不值得留恋。

活该你单身

一个女生在微信群里跟人争辩到底是嫁给古天乐好，还是嫁给彭于晏好。

我觉得可能她美美睡一觉更好。

互联网给了我们很多错觉，比如我们有很多应用程序，我们可以在微博上看到男神女神的日常，可以给他们留言，他们发的自拍好像都是为了讨好我们。

这件事极大地提升了很多人的自信，导致他们对自我的认知产生了严重的偏差，进而影响到了他们的恋爱观。套用一句网络用语：自己长啥样，自己啥条件，自己心里没点数吗？

我认为这是现在很多人只能单身的原因，不是她们找不到恋爱的对象，是各种社交软件害得她们找不到自己了。

我们每天看网上的帅哥美女，极大地提高了我们对颜值的要求，这是不利于一个人谈恋爱的。看多了网红脸往往就会对别人苛责，觉得别人长得丑还出门，就是一种犯罪。

在网上混久了，不仅让自己单身，还会击溃一个人的自信，什么意思呢？我们随便上网看看，所有我们能想到的事情，都有人在做了。你想做直播？别人做直播早就身家过亿元了。你想做点科普视频？别人早就科普完了，而且配上了优质的动画剪辑，瞬间就秒杀你。你想去的每一个平台，都被顶端流量吃得一丝不剩了。你的每一个点子，每一条想走的路，都被人堵得死死的，于是你只能长叹一声：别人的才华不会迟到，但我的看来会永远缺席。

为什么会产生这种感觉呢？如果不上网，其实我们在周围人眼中还是多才多艺的，比如比别人更懂军事、更懂医学、更懂哲学。但是比较的范围一扩大到网上，你面对的竞争对手就是十几亿，总有那么一些旷世奇才在出生的时候就配置了厉害的原生系统，跟他们比较，你当然就会感到自己一文不值，于是自信心就溃败了。

所以在网上混久了的人，往往是没有行动力的，因为你跟他讨论任何话题，他脑海中都闪现出关于这个话题更为杰出的人。事实上，当我们回到现实，随便有点专业知识就可以秒杀我们身边的大部分人。而我们的创业也是这样，如果你想到投资就想到巴菲特，想到社交就想到马化腾，想到网购就想到马云，想到写作就想到我，嗯，最后这个有点乱入了，那你就每天睡觉或看美女直播比较好。

那么我的结论是什么呢？一个人要经常回到现实看看，比如你要谈恋爱，就多照照镜子，里面照出来的那个人，做着什么工作？赚着多少钱？长成什么样？有多少套房子、多少辆车？然后再重新看看身边的异性，是不是觉得随便拉一个人过来，自己都是在高攀？爱情最大的敌人，就是你赚得太少，长得不美，却想得太多。

才华也是这样，你不需要总跟全国和全世界的人去比拼。你只需要比隔壁男人优秀，你在隔壁女人眼中就是个猛男。你只需要比公司里的人其他人优秀，你的年终奖就会多出不少。

就像我，在我们家里简直就是一个集美貌和智慧于一身的男人，在这点上，我太太和儿子都认可。而我太太是集赚钱能力和智商于一身的女人，这点我跟儿子都认可。而我儿子是集可爱和高情商于一身的小孩，这点我跟太太都认可。

所以我们全家人每天都自信爆表，出门都自带光环。

千万不要让网络开阔了你眼界的同时，也夺走了你的正确认知。

虽然人外有人，天外有天，但这跟你又有何干?

一定会有一个人，

理解你所有的委屈。

这个人不会太早到来，

因为来得太早，

你在茫茫人海中也无法识别出他的存在。

爱情时间表

两个人能否走在一起，时机很重要。你出现在他想要安定的时候，那么你陪伴他一生的概率就很大。你出现在他对这个世界充满好奇的时候，那么无论你多优秀，可能都徒劳无功。

爱得深，爱得早，都不如爱得刚刚好。

我们不是当事人，无法去深究一段感情如何真正从开始走向结束，但是爱情里的这种时机观，我是非常认可的。因为我们每个人回顾一下自己的感情生活，就可以清清楚楚地感受到时机的重要性。

还有一段流传很广的话是这样说的："若是先遇到小贝，再碰到宋思明，就是《蜗居》。可是先遇到宋思明，再遇到小贝，就是《北京遇上西雅图》了。"

每一个人都有自己的一份爱情时间表，最好的爱情就是你们的时间正好对上了，而令人悲伤的爱情是双方进度各不相同。我们这一生会遇到很多人，但最终没有走到一起，很大一部分原因并不是他不好，而是他不适合那时那地的你。而你漂泊了很久，正好就近有一个港湾，你就顺势停泊了，这个港湾未必是最好的，但却最适宜你这艘疲惫已久的孤帆。

那么这份时间表到底是什么？其实就是一份记录你的成长与需要的刻度表。当一个人懵懂的时候，他要的可能是浪漫。当一个人成长的时候，他要的可能是协助。当一个人贫穷的时候，他要的可能是共克时艰。当一个人衣食无忧的时候，他要的可能是安定。所以或许大家就理解了另一段话：“若她涉世未深，就带她看尽人间繁华；若她心已沧桑，就带她坐旋转木马。若他情窦初开，你就宽衣解带；若他阅人无数，你就灶边炉台。”

在爱情里，不必怨恨谁，也不必抱怨错过了谁。怨恨，是因为你配合不上对方的时间表，对方离开了你。抱怨错过谁，是因为对方配合不上你的时间表，于是你弄丢对方，事后想起来觉得错过了，但那时那地强行在一起，也未必有好的结局。你的抱怨与悔恨，是因为错用了现在的视角，来判断那时的感情。

很多让人唏嘘不已的爱情，大都是因为时间刻度上的混乱。我大学时代的爱情刻度是浓烈的爱，但对方的刻度是光鲜亮丽的职业，所以不管怎么在一起，都觉得别扭。工作后有一段时间，我的爱情刻度是一起努力打拼，而对方的刻度是要有钱，能买房买车。现在的我都可以满足，但是那时候就觉得对方伤了我的心，觉得对方太功利。每个人都有自己的时间刻度表，配不上，就往往以悲剧收场。

两个人有着错误的时间表，

就如同你在机场等一艘轮船。

你随时等待登船去三亚，

对方却在广播，飞往慕尼黑的乘客请登机。

安娜与金莲

几千年以来，人类面对的焦虑与困扰，几乎从未改变。几千年前的一段段爱恨情仇，在今天依然上演着，背景在改变，内核却从未有任何不同。我们来聊一聊托尔斯泰笔下的安娜·卡列尼娜和兰陵笑笑生笔下的潘金莲。

关于这两个人物的争论经久不衰，因为两个人在某种程度上具有相似性，但是人们对两个人的评价却大相径庭。安娜·卡列尼娜由姑妈做主嫁给了当时最年轻、最杰出的一位省长卡列宁。潘金莲被母亲卖给了王招宣，后来又被卖给了张大户，之后因为张大户老婆嫉妒，被安排嫁给了武大郎。从出场的情况来看，两个人都是身不由己的可怜女孩。

不过安娜比潘金莲幸运一些，因为她的丈夫卡列宁是一个非常高贵的人，在道德上几乎没有什么瑕疵，而且每个礼拜还要抽出一天来陪伴安娜。潘金莲的老公武大郎则是个三寸丁谷树皮，不仅性能力严重不足，身高也不过一米五出头，职业在当时更是卑贱，每天挑着扁担到处卖炊饼。

再看安娜和潘金莲出轨的情况。安娜跟丈夫卡列宁结婚十年，正在经历十年之痒，有婚姻无爱情，甚至也无性。潘金莲遇到西门庆的时候，是她跟武大郎搬到了县门前的房子里，不清楚两个人有没有性生活，但是潘金莲不满足是肯定的，她每天在门前吸引别人的注意，盼来了武松，却没有勾引成功。

大家要注意的是，从这里开始两个人就明显不同了。安娜本没有出轨的想法，日子就这么一天天重复下去也是可以的。潘金莲则不同，她盼望着被男人滋润，只要对方比武大郎好就可以，所以潘金莲有主观上的愿望。就算没有西门庆出现，也一定会有东门庆、南门庆或者北门庆。

接下来是两个人的出轨机缘。安娜是在车站邂逅了渥伦斯基这个军官，渥伦斯基对安娜一见钟情，安娜对渥伦斯基也非常有好感，两个人发生关系也经历了一段时间的纠结，特别是安娜内心里的道德羁绊。

潘金莲则不同，因为她渴望出轨，所以当她的竿子打到西门庆的时候，她恨不得马上就扑上去，当然很快两个人就在王婆家里没羞没臊地搞在了一起。因此作为读者，在这个时候，你会觉得安娜的心理斗争过程是合理的，而潘金莲没有任何道德顾忌的性冲动，难免会让人觉得不妥。

再后来，两个人更大的分歧出现了。安娜主动提出跟丈夫卡列宁离婚，这是她比潘金莲的幸运之处，虽然丈夫不同意，但是她有这个权利。而潘金莲则没有，她被当时男权社会的枷锁困得死死的，几乎没有任何可能离开武大郎，除非她被休掉。卡列宁拒绝了安娜，最终安娜选择了卧轨自杀。潘金莲是被动的，被武大郎发现后，她联合西门庆和王婆杀死了武大郎。

所以到这里，读者就会做出完全不同的评价了。安娜邂逅帅哥，然后提出离婚，被拒绝，自杀。潘金莲邂逅帅哥，被发现，杀了丈夫。我们可以清晰地看到安娜主动承担责任的一面，并且最后主动选择以悲剧来收场，所以读者会很容易生出怜悯之心。

而潘金莲是不想承担责任的，她基本上是一个被性驱动的人，所以最后她逃无可逃被武松干掉，让读者觉得咎由自取。

幸福的家庭都是相似的，不幸的家庭却各有不幸之处。幸福的人也都是相似的，不幸的人却也各有不幸的样子。所以我们评价一个人，千万不要做的就是，把两个人等同，因为这个世界上的的确确没有一样的人。哪怕一段看似平常的感情，也包含了每个人不同的心路历程。

不过安娜和潘金莲倒是有一点相同，那就是两个人都是依附于男人的女人。直到今天，依然有很多女人在为自己的地位而呐喊。但是如果女人没有自己的事业，没有自己生存的能力，心甘情愿地依附于别人，她喊出的口号就会空洞无力。

一个女人必须要意识到，除了爱情，除了婚姻，除了孩子，除了女人之间的八卦，她还有更广阔的世界，这样才可能真正获得生命的主导权，才可能摆脱安娜和潘金莲式的悲剧。

爱的层次

有那么一刹那，
我爱上了你。
纯洁的阳光，
微醺的空气，
和正好穿着红裙子出现的你。
有那么一刹那，
我远离了你。
你的言谈，
你的举止，
跟我情趣三观一点都不搭的你。
喜欢
和远离，
就在那一刹那出现。
喜欢可能是我误会了你，
如同我误会了那个下午的阳光和空气。
远离可能是我了解了你，
阳光、空气和红色的裙子，
看似和谐，
却完全不是一个频率。

这首诗来自当代著名作家沃兹基（我自己）。

喜欢的人，可能真的会在一刹那出现，她的笑容、她的发型或者她裙子的颜色，都可能在某一个时点捕获你。爱上一个人，是很感性的一件事，也很浪漫，但是却很不靠谱，因为没有共鸣的两个灵魂，即使近在咫尺，也会孤独万分。比如你喜欢诗歌，她却说自己喜欢散文。你说你来人间一趟，你要看看阳光；她却说，有本事你看，不瞎眼算我输。于是在那一刻，你开始觉得孤独。

那么到底怎样的两个灵魂，才会靠得很近？

最浅的层次是，我陪你。你要征服苍茫大海，我陪在你旁边摇旗呐喊。你要安静守在书斋，我陪在你旁边红袖添香。我陪着你，说明我在乎你。毕竟时间对于每个人来说，都很宝贵，但我宁愿在有限的生命里，拿出一部分时间给你。这一段时间都属于你，我放下自己，专心陪你。

我陪你，说明我在乎你。如果不在乎你，哪怕一秒钟，都不会给你。

稍高一点的层次是，我欣赏你。每个人都会因为别人的欣赏而变得更好，在感情中更是如此。如果对方稍微有一点瑕疵，你就放大，那他只会感觉到你的厌恶。比如对方抠个鼻屎，你没必要大呼小叫让他注意形象，你完全可以说他抠鼻屎的动作像极了周星驰的深情告白。如果对方口臭，你也没必要避之不及，你完全可以说你有一种独特的气息，别人根本无法企及。因为你在乎的特质他都有，所以其他特质本来就是随机赠送，没必要吹毛求疵。

我欣赏你，说明我知道你异于常人的特质。哪怕你在别人眼中是一坨屎，我也觉得有适合你的土地。

最高的层次是，我懂你。你的喜好未必是我的喜好，但是我懂你的喜好。你喜欢诗歌，我懂你喜欢的原因，我也愿意倾听你喜欢的理由。因为懂，彼此的灵魂才有了共鸣。那天，你坐在阳光下，傻傻地笑，因为我懂你的心境，所以我静静坐着，没有作声。然后你告诉我：阳光会让我的心感受到温暖。我虽然觉得阳光刺眼，但是我说：我从你的笑容里看到了阳光的温度。

这才叫，我懂你。

我懂你，说明我愿意去了解你。虽然我知道我们不同，但并不妨碍我愿意去理解你内心喜欢或悲伤的勇气。

我陪你、我欣赏你、我懂你，才是灵魂共鸣的三个层次，如果你每一项都做不到，那么不管你曾经多么甘之如饴，迟早也会觉得彼此相隔千里。

爱与无法爱

你爱一个人的理由：

第一，长得好看。

第二，性格体贴。

第三，厨艺精湛。

第四，星座吻合。

第五，性爱和谐。

第六，趣味十足。

第七，举止优雅。

第八，孝顺父母。

第九，能赚会花。

第十，值得欣赏。

你不爱一个人的理由：

第一，长得好看，让人没安全感。

第二，性格体贴，经常没有主见。

第三，厨艺精湛，只会做几道菜。

第四，星座吻合，缺点无法接受。

第五，性爱和谐，做完就玩手机。

第六，趣味十足，经常是恶趣味。

第七，举止优雅，端着累不累啊。

第八，孝顺父母，妈宝随时附体。

第九，能赚会花，花的多于赚的。

第十，值得欣赏，距离近了不行。

你始终爱一个人的理由：

第一，长得好看，让人没安全感，但从来不跟异性搭讪。

第二，性格体贴，经常没有主见，但让我有被尊重感。

第三，厨艺精湛，只会做几道菜，但一天不吃我就想念。

第四，星座吻合，缺点无法接受，但对方接受我的缺点。

第五，性爱和谐，做完就玩手机，但会把好玩的给我看。

第六，趣味十足，经常是恶趣味，但我不开心就会哄我。

第七，举止优雅，端着累不累啊，但出门应酬时我觉得倍儿有面子。

第八，孝顺父母，妈宝随时附体，但把我父母同样对待。

第九，能赚会花，花的多于赚的，但经常给我买东西。

第十，值得欣赏，距离近了不行，但觉得这才有真实感。

你觉得无法始终爱一个人的理由：

第一，长得好看，让人没安全感，但从来不跟异性搭讪，可能在我面前伪装得很到位吧。

第二，性格体贴，经常没有主见，但让我有被尊重感，天长日久总自己拿主意真的好累啊。

第三，厨艺精湛，只会做几道菜，但一天不吃我就想念，或许只是我没有下对外卖订单。

第四，星座吻合，缺点无法接受，但对方接受我的缺点，搞得好像我也必须要包容一样。

第五，性爱和谐，做完就玩手机，但会把好玩的给我看，转场这么快谁知道刚才想着谁。

第六，趣味十足，经常是恶趣味，但我不开心就会哄我，哄我也无法原谅他的恶心行为。

第七，举止优雅，端着累不累啊，但出门应酬时我觉得倍儿有面子，我的朋友都被他得罪光了。

第八，孝顺父母，妈宝随时附体，但把我父母同样对待，可我无法接受假期一定要回家。

第九，能赚会花，花的多于赚的，但经常给我买东西，这样岂不是我要跟着一起还债？

第十，值得欣赏，距离近了不行，但觉得这才有真实感，一个人太真实了真的很讨厌。

所以，爱与不爱，

坚持爱还是实在无法再爱，

都取决于你给自己编了一套怎样的理由。

第五篇

走过失意挫败的北欧

绝望是这样一种病症，
得到它是一种上帝所赐之福，
从未有过它是最大的不幸。

祁克果
（1813—1855）

童话王国

这世界上如果有一个童话王国，我想那应该是丹麦了。

因为这里曾经有一位童话大师，他创作的《海的女儿》《卖火柴的小女孩》《丑小鸭》等故事几乎装点了每个孩子的童年。我喜欢安徒生还有另一个原因，他是一个很喜欢睡觉的人，去安徒生的故居参观的时候，里面最像样的家具也就是一张床了。众所周知，丘吉尔也很喜欢床，喜欢到他每天都穿着睡衣走来走去的地步，因为穿着睡衣可以很方便地上床。

莫扎特也是如此，所以我可能发现了一个惊天秘密，那就是喜欢赖床的人，很容易在某一个方面有所建树。因为在床上可以不顾及身体的感受，而专注于思想的驰骋。

按照我这个理论，丹麦不应该发展得这么好，除了安徒生以外，我还没发现另一个丹麦人喜欢赖床。丹麦的床都是小小的，大家如果见过按摩床的话，丹麦的床差不多就那么大，这跟丹麦人壮硕的体格完全不相配。我每次问起丹麦的朋友，他们也一脸茫然，仿佛我问了，他们才意识到自己的床的确很小。

最终他们提供了两个理由给我：一是丹麦很冷，床太大了，人就容易动来动去，不利于保暖；二是丹麦人的祖先是维京海盗，他们喜欢征战四方，不喜欢赖在一张床上发呆。

丹麦可是近几年一直位列联合国《世界幸福报告》中幸福指数榜单的前列。关于丹麦有很多真假难辨的传言，你可以猜一下以下哪些事情是真的：丹麦人读书，国家会发工资；丹麦的公司不可以开除员工；丹麦的自杀率非常高；丹麦的清洁工跟公司总监拿的薪水一样多。

在来丹麦前，我看了一本关于丹麦的游记，叫《北欧，冰与火之地的寻真之旅》，作者是去丹麦做女婿的英国人迈克尔·布斯。在写到丹麦的时候，作者说："在这个国家开除一名员工是非常困难的，除非员工在CEO的办公桌上大便时被抓了现行，同时还必须放火烧了公司有划时代意义的新产品设计图纸，才会收到第一次书面警告。要重复这样的恶行组合5次，收到一共5次书面警告，公司才可怜巴巴地能够得到一次申请仲裁去解雇你的机会。即便是公司申请到了仲裁，还必须征得公司前台女接待员的同意，才能最终辞退你。"

我去丹麦后还真的问了这个问题，这是真的吗？丹麦人哈哈大笑，说你把我们当瑞典吗？在瑞典可能真的是这样，但在丹麦绝对不可能会这样。老板的权力是很大的，只是解雇员工的事不太会发生，因为丹麦只有570万人口，开除了一个员工，要再招一个新的并不容易，毕竟一个萝卜一个坑，所以丹麦老板对员工的容忍度是比较高的。容忍度高到什么程度呢？就是允许员工经常休假。

丹麦的假期特别多，81% 的丹麦人每年有至少 4 周的假期，只要跟耶稣基督相关的日子都要放假，比如耶稣受难日啊，耶稣升天节啊，耶稣复活节啊。另外，女王的生日、国家立宪日等也要放假。其实我觉得什么日子不重要，他们就是要找一个由头来给自己放假。

除了一些公共假期，每个丹麦人每年还有 6 周的带薪年假，而产假更是多达 52 周，而且男人和女人可以共享，也就是太太跟丈夫可以合计休够 52 周。所以在丹麦，男人带孩子也是司空见惯的事情，可能这个带孩子的男人薪水比太太低，他就负责休产假了。

丹麦的薪水可以达到多少呢？丹麦的最低工资标准是每小时 120 克朗，所以月薪 2 万克朗以上是司空见惯的一件事。但是在丹麦，你的收入越高，你交的税就越多，普通丹麦人收入的 45% 以上都是用来交税的，而收入高的人交的税就更多，这就让他们的贫富差距非常小。我去拜访的一家公司，他们的清洁工收入是 2 万克朗，而一个总监最终的收入交完税后只有 2.8 万克朗。这么一比较，清洁工和总监的收入差距并不大，因此在丹麦，等级观念非常淡薄。做律师也好，做医生也罢，甚至做部长，跟做一个清洁工没什么本质上的不同，只是个人专业和爱好不同。所以在丹麦，你显摆自己一点儿意义都没有，因为根本没人在乎。

我在丹麦的一个小城欧登塞参加了一个电影节，就在一个小城市的小广场搭一个棚子，想参加的人就往那里一站，大家喝着啤酒，看各种颁奖和演出。在他们眼中，一切都没什么值得大惊小怪，一个演喜剧的大胖子得了最佳男主角，领完奖离开的时候就从一个小巷子里走了，没有什么人表现出崇拜得不得了而狂叫。因为他们也是人啊，人与人能有多大差别？一个清洁工把街道扫得很干净，跟一个演员把一部电影演好，有什么本质不同呢？都是分内的事。

那丹麦有这么高的税收，收的钱都干什么去了呢？全部用于免除每个人的后顾之忧。比如在丹麦，医疗全部免费，如果你读书，国家每年会给你 5000~8000 克朗的教育补助，因为本来你可以工作，但是你读书或做研究，会给这个国家带来更多收益，因此你应该有补助。

如果你读一辈子书，那你就可以领一辈子补助。如果你生了孩子，每个孩子有奶粉补助，每个月 1000 克朗左右，所以有些移民就天天在家里生孩子，每生一个孩子，就多一份补助。

可是如果不幸生了一个残疾人呢？我在丹麦首都哥本哈根参观了一个残疾人俱乐部，里面有天生残疾的人，有患有自闭症的人。他们看到我来，很哀愁地看着我，因为他们觉得我太可怜了，是一个可怜的“打工人”。在丹麦，每个残疾孩子每年可以领 30 万克朗（相当于 32 万人民币）的补助，这是除了免费在残疾人学校就读之

外的补助。

他们会把这些补助交给残疾人俱乐部。我拜访的这个俱乐部有35个老师，100个学生，差不多1个老师照顾3个学生。为什么他们要来这个俱乐部呢？因为丹麦人觉得残疾人很可能影响家里其他成员的工作，所以就让他们放学或工作后来这里。

残疾人俱乐部里的老师也个个身怀绝技。我去的时候，一个老师正在带着孩子们唱歌，他们说那个老师曾经是一个专业歌手，他在俱乐部的工作就是带着喜欢音乐的残疾人一直唱歌。我还遇到一个木工老师，因为有些患自闭症的孩子喜欢锯木头，他就负责陪着他们一起锯。还有一个老师负责化妆，因为有些孩子喜欢打扮自己，她每天陪她们保养、做面膜、涂指甲油。

一个老师跟我说，很多国家对自闭症患者都采取积极治疗，希望他们变成一个能够自理的正常人，但对一些无法治愈的自闭症患者，也要让他们充分享受生活。我遇到一个孩子喜欢看打开纸箱子然后填满东西的视频，他可以目不转睛地一直看，对其他所有的事物都没有任何兴趣。老师就给他下载了很多此类视频供他观看，说自闭症患者的关注点很窄，他将来完全可以去快递公司检查包裹。他不需要被治愈，他只需要发挥出自己的天性。

我们从小受的教育是，每个人都应该被治愈，否则你活不下去，你一定要被修剪得符合这个社会的某些规范，否则你无法参与竞争。而丹麦并不是一个鼓励竞争的国家，甚至很少奖励强者，而是更关注弱者。比如一个班里如果一个学生学习成绩不好，老师会耗费大量精力帮他，而一个学习好的学生就很少得到老师的关注。

这样的国家是不是很美好？但任何事物都有正反两面，丹麦又是一个自杀率很高的国家。根据丹麦国家健康服务中心的统计数据，每 10 个丹麦人就有一个得抑郁症，因此丹麦人服用抗抑郁药物的剂量仅次于冰岛，排在全球第二。

抑郁症是导致丹麦人自杀很重要的一个疾病，据说主要原因之一是丹麦的天气经常阴雨连绵，这里又经常被冰雪覆盖，缺少阳光的照射。但我并不觉得这个原因那么重要，如果天气能使人抑郁的话，我国那些雾霾严重的地方岂不是病发率也很高了？

我认为最重要的原因是国家的高福利，你见过一个总想着怎么才能活下去的人抑郁吗？很少，活都活不下去，哪里有时间抑郁。因为福利太好了，很多人就失去了人生的方向。我是谁？我活着干什么？我接下来要干什么？估计这是每天困扰丹麦人的三个问题。

这才是一个真实的丹麦，它提供了一个慢生活的样本给我们，慢慢地生活，平静地思考，轻声地说话，平和地死去。

维京海盗

不仅我们对维京人好奇，在距今1200多年前的整个欧洲都对维京人非常好奇，只知道他们来自斯堪的纳维亚半岛，但这里在当时属于文明之外的蛮荒之地。公元793年6月8日，位于英格兰的林迪斯法恩修道院像往常一样祥和，和平的氛围让大家放松了警惕，当几艘船停靠在岸边的时候，有人以为船上的人是商人，有人以为他们是朝圣者。当船上的人拿着剑和斧头冲上岸时，修士们顿时手足无措。

在这场洗劫中，没有人幸免于难，教堂被焚毁，修士被杀死，祭坛也被捣毁。

这群人身体强壮，野蛮无比，对信仰没有任何敬畏之心。后来英格兰人才知道，这群人来自斯堪的纳维亚半岛的挪威。但接下来让整个欧洲惊心动魄的300年，却基本上是丹麦人充当了海盗的主力军，欧洲很多文献也干脆就将维京人称作"丹麦人"，毕竟很快从丹麦出发去实现人生梦想，拿着武器通过烧杀掠夺去证明自己的人越来越多。

这其中就有一位维京人的传奇英雄，名字叫拉格纳·洛德布罗克。英雄身上都有很多神秘的传说，比如拉格纳的妻子被一条巨蛇抓走了，他为了去营救妻子，把一条皮裤浸泡在沥青之中，然后再在上面粘上沙子，这样就可以防止这条巨蛇咬伤自己，最终他杀死了巨蛇，救回了妻子。这个故事跟当年刘邦斩白蛇一样神奇，估计在流传过程中被每个人添油加醋，就变成了主人公获得某种天赐力量的加持。

不过，拉格纳极有头脑，并非浪得虚名。维京人的世界全靠实力说话，拉格纳准备召集一些勇士出海抢劫，结果这支队伍人越来越多，最后有超过 120 艘长船参与，成员更是超过 5000 人之多。这个实力足以冲击当时的强盛帝国法兰克。

法兰克当时的国王查理试图阻击这支掠夺的强盗军团，结果由于分兵战略的失策，被拉格纳分别击溃。拉格纳还当着查理的面把 111 名俘虏全部杀死，这直接瓦解了法兰克士兵的战斗力，导致他们后面再也组织不起像样的抵抗，拉格纳长驱直入，直逼巴黎。

维京强盗的特点是只要遇到抵抗，他们就会非常兴奋，因为这意味着抵抗的背后有大笔的财富需要守卫。当他们攻破巴黎的时候，却感觉到非常失望，因为他们对所有的文学艺术宗教作品都不感兴趣，在他们看来，教堂里最值钱的东西也就只剩下那些银器了。如果他们冲进当今的罗浮宫，肯定只会觉得困惑，这么好的一处所在为何不是唱歌跳舞喝酒的地方，却摆上这么多纸张，而且还被涂得很脏。

拉格纳的军团擅长攻城略地，却不知道如何经营一座城市，其实他们对此也没多少兴趣，因此他们开出条件，法兰克人支付 6000

磅的金银，他们就把这座城市还给法兰克人。国王查理同意了这笔交易，拉格纳撤回到丹麦，归来的拉格纳得到了至高的声誉，但也触犯了当时丹麦国王霍里克的权威。

拉格纳的手下被国王以各种借口处死，而他则流亡于海上，后来他利用自己积累的海上经验，成了令人生畏的海上之王。拉格纳的结局有多种版本流传，有人说他在英国被抓，然后被扔进毒蛇坑咬死，也有人说他死于某种疾病，具体为何不得而知。但是拉格纳消失后，这位维京人里最勇猛的海盗留下的丰厚财富，却引起了日后大量探险家的兴趣。这些财宝到底是被拉格纳沉在某片海域，还是藏在了某个海岛，至今没有丝毫线索。

其实丹麦的维京人已经发现了这笔财富，当他们忙着向文明世界发起冲击的时候，也发现自己脚下就埋藏着令世人羡慕的宝藏，不仅有石油、天然气，还有渔业和风力。有宝藏未必就可以让一个地方富裕，在经济学里有一个资源诅咒定律，意思就是如果一个国家或地区矿产非常丰富，那么这个国家就会不思进取，并且会滋生一个腐败的政府。所以一定还有什么特别的东西，让丹麦一跃成为世界上最为文明的地方之一。

这个宝藏到底是什么？

我认为是一种基于海盗精神的制度化。

首先，海盗集团的运作要保证对个人的充分尊重，否则就无法形成战斗力，他们从起家开始就没有欧洲传统的奴隶制色彩。而现在丹麦的高质量全民教育，强化了每个丹麦人的自主意识。

其次，海盗作为一个整体，必然需要合理的利益分配机制。海盗在外掠夺，留守的人在家养育后代，因此每次掠夺的财富都需要集中起来，然后合理地分配给每个人，这就是现代丹麦高税收、高福利的雏形。

最后是海盗的头领必须做到公开透明，如果徇私舞弊，必然引发大家的抵触和叛离。因此到了现代，只有政府高效透明的管理运作，才是这个地区的人愿意缴纳高额税收的保证。

我想这才是拉格纳留下的真正的神秘财富。

绿色岛屿

丹麦由 400 多个岛屿组成，其中最大的一个岛屿，也是世界上最大的岛屿，叫格陵兰岛。要飞去格陵兰岛并不是一件很容易的事，需要首先飞到丹麦的首都哥本哈根，然后再转机飞越大西洋到达格陵兰岛，这中间的鞍马劳顿相当于两次国际旅程，因此对很多人的体能来说是一个挑战。

格陵兰岛的英文是 Greenland，意思是绿色的土地。

这基本上是一个天大的谎言了，因为格陵兰岛总面积为 216 万平方公里，其中 81% 被冰雪覆盖，所以说 Whiteland（白色土地）才算是实至名归。这个谎言可以追溯到距今 1000 年左右（公元 982 年），一个叫艾力克的挪威海盗，在当时属挪威管辖的冰岛犯下了杀人罪，被驱逐出境。在冰岛被驱逐出境基本就等于出海，这位海盗把全家老小和物品装在一艘小船里，硬着头皮往西划去。

没人知道他这一路上都经历了什么，当他看到一块陆地的时候，他欣喜若狂，决定自己做岛主。可是怎么把人骗过来呢？他就首先给岛起了个名字，叫作 Greenland，可以想见，这位如房地产开发商一样的海盗，深谙宣传之道，这个名字为这座岛屿吸引了大量移民。现在已经有接近 6 万人生活这里，而我则是被吸引的一个游客。

偌大一个格陵兰岛至今只允许两家航空公司的飞机降落，一是格陵兰航空，另一个是冰岛航空。我曾经孤身一人在2014年拜访过此处，而这次的旅程则完全不同，我要带27位朋友一起探险这座岛屿。这27位朋友有老有少，其中有25位女性，剩下的两个男性中还有一个是孩子。跟我们搭乘同一个航班从哥本哈根前往康克鲁斯瓦格的乘客都羡慕地看着我，觉得这肯定是某个酋长出行。在我表明自己并不是酋长，而是一个中国人后，他们都羡慕地说希望有生之年能够移民来中国。

他们不了解我们，正如我们也不了解他们。飞机起飞后，下边是漫无边际的大西洋，我取出座椅口袋里的杂志，上面的格陵兰语单词都非常长，而且基本不怎么使用标点符号。可能是因为这里天气太冷，一切都简化了，能一口气说完的事情，就尽量不换气释放热量。

虽然语言不通，但是图片我还是看得懂的，不同于一般航空杂志上全是奢侈品广告，格陵兰航空的杂志上全是一家一家的小店介绍，落地后我就明白了，每家小店就是一个景点。整个格陵兰岛就6万人口，那基本上每家店都是奢侈品店，因为都是独一无二的。

忽然，机舱里开始响起了咔嚓咔嚓的快门声，我知道飞机已经飞到格陵兰岛上空了，透过窗户，我就忽然明白了《红楼梦》里的那一句：白茫茫大地真干净。这片白色的土地沉睡了38亿年，至今未醒，望下去没有任何生机，如果不是飞机的螺旋桨轰轰隆隆地刷着存在感，很容易让人产生错觉，以为一切都是静止不动的。

康克鲁斯瓦格在格陵兰岛算是一个很大的机场了，还有摆渡车，虽然完全没必要用，但是有了不用跟没有还是有很大不同的。飞机降落后，在摆渡车的注视下，我们直接走进了候机楼。里面的人互相打着招呼，看来在这样一个地方，长期坐飞机的人彼此都认识。

机场提供了一个呼吸新鲜空气的地方，打开一扇门就可以走出候机楼，跟来来往往的飞机就隔着一个栅栏。大家点杯啤酒懒洋洋地坐着看天，天蓝得仿佛一眼就可以看到宇宙的边缘。

这里有一处著名的景点是一个路标牌，跟美国 66 号公路上我拍的那块一样，上面标着此处到世界各大城市的飞行时间，比如 5 小时 40 分钟就可以到达罗马，10 小时 5 分钟就可以到达东京，3 小时 35 分钟就可以到达伦敦，等等。只要你停下，你就是世界的中心，世界上其他地方都是我们此刻站立的地方的辐射之处，感觉每架飞机都是自己派出去探索世界的。

这是一个非常有哲学意义的机场，我想。

我们从北京到哥本哈根坐的是大飞机，从哥本哈根到康克鲁斯瓦格坐的是中型飞机，而从康克鲁斯瓦格飞去伊卢利萨特，则基本只能乘坐 30 人的小飞机了。飞机越来越小，同行的乘客也越来越少，让人感觉颇为悲壮，有一种要行进到世界尽头的豪迈。

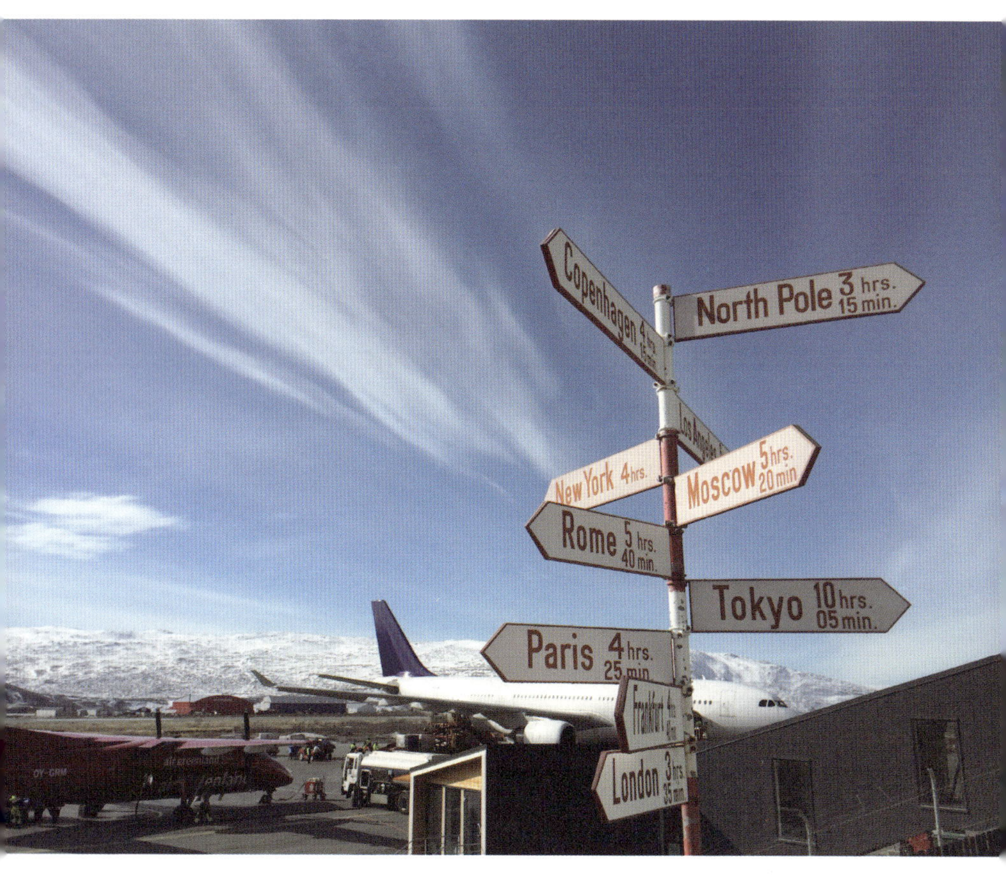
Copenhagen 4 hrs. 15 min.
North Pole 3 hrs. 15 min.
New York 4 hrs.
Moscow 5 hrs. 20 min.
Rome 5 hrs. 40 min.
Tokyo 10 hrs. 05 min.
Paris 4 hrs. 25 min.
London 3 hrs. 35 min.

在格陵兰岛运营的飞机非常亲民，乘客可以在驾驶舱里坐着，机长会跟你亲切地合影，这是一个没有防范之心的地方。这条航线异常令人震撼，不仅因为螺旋桨就在耳边轰鸣怒吼，还因为飞机是沿着格陵兰岛的西海岸飞行，因此一边是蔚蓝的海洋，一边是雪白的冰川，而飞机在中间，仿佛是一把剪刀，把世界一分为二。

冰川的部分太过荒芜而渺无人烟，靠近海洋的部分则因为海水带来的暖流，提供了可以生存的栖息之地。伊卢利萨特就是这样一处所在，它位于北纬 69° 的西海岸中部，北极圈以北 200 余公里。因此，到达此处，你就可以自豪地宣布自己已经在北极圈留下了足迹。

伊卢利萨特有一个更小的机场，小到摆渡车肯定是不存在的，连机长都要兼任好多职务，因为人手不够。伊卢利萨特算是一个小镇，狗比人多，这里有 5000 多只雪橇犬，但只有 4500 多名居民。整个镇子就依海而建，放眼望去就是一片一片漂浮着的冰山，它们漂浮了上亿年，就为了靠近看你一眼，然后被时间带去流浪，慢慢消失不见。

我在飞机上的宣传手册里看到的每一家店几乎都在这里，参观下来基本用不了几个小时，因为人口太少，所以每一户人家都充当着至关重要的角色。有的家庭做酒店，有的家庭做雪橇，有的家庭卖邮票，有的家庭开咖啡店，但这都是他们的副业。心情不好了，他们就锁上门去捕鱼，如果心情一直不好，就一直捕鱼不回来，可是这样就会严重影响到当地的GDP。

如果在这个镇上见到行色匆匆的人，那肯定是游客。如果这个世界就是这么与世隔绝的一个小镇子，那住在这里的人倒真的没有必要心急火燎，毕竟怎么过都是一天。我们住的酒店有一个电梯，在这个小镇子是极其罕见的，因为这个酒店有四层楼，算是格陵兰岛第一高的建筑了吧。电梯有两个开门按键，想找关门键？没有。意思就是你只管上来，至于它什么时候动，要看心情。

伊卢利萨特居民的白天与黑夜跟我们的完全是两个概念，因为这里基本上一年到头要么是全部白天的极昼，要么是全部黑夜的极夜。我们到达的时候是8月，可能看我们是外国人，所以这里象征性地给了几个小时的夜晚，让我们能够捕捉一点生物钟的时间安心睡去。因为在我们的意识里，不是黑夜就睡觉的话，颇有点暴殄天物的感觉。

坐在海边的白天，看到的是一种简简单单、干干净净天气，要么蓝，要么白。如果租一条小船行进到冰川面前，折射着阳光的冰，晶莹剔透。偶尔有鲸鱼妈妈带着鲸鱼宝宝喷着水跟我们打招呼，我们才马上意识到水下的浩瀚，也才意识到小小的冰川下面其实是一座大山的事实。

船上随手一捞就是冰块，放在杯子里倒进酒，冰块被融化瞬间咔咔的撕裂声，惊动了一群海豹。它们安安静静地游着，不知道它们将要去向何方，也不知道它们将会栖息在哪一块冰山上，它们望着我们，意思仿佛是：真是少见多怪的外国人。

伊卢利萨特安静的生活节奏，让我不自觉想起陶渊明的《桃花源记》：“晋太元中，武陵人捕鱼为业……自云先世避秦时乱，率妻子邑人来此绝境，不复出焉，遂与外人间隔。问今是何世，乃不知有汉，无论魏晋。”

很多时候我们遇到挑战，都会懊恼，本能地想逃避。
比如遇到一项从来没有做过的工作，
或者超出你想象的苛刻客户。
但是当你熬过去，
你就会发现自己到达了一个全新的层次，
因为你在逼迫自己去挑战的过程中，
得到了一种突破性的成长。

极地探险

人生若只有风平浪静，难免会觉得遗憾，激情难以寻找，难怪在伊卢利萨特这么小的一个镇子，也有一位忙碌的心理咨询师。到底是波澜不兴的生活，还是艰苦卓绝的环境让人难以忍受？这个问题我们很快就要见分晓。

近距离见了冰山，我就在想如果在上面睡一夜会是什么感受？在离开伊卢利萨特经过康克鲁斯瓦格机场的时候，我们决定去冰川上体验一晚上。在没有真正踏上冰川之前，我想象中的冰川应该是白雪皑皑，脚踩在上面咯吱咯吱地响，偶尔会有雪花落在肩膀上，晶莹剔透，再深吸一口气呼出去，空气在自己前面凝结成雾气，简直浪漫极了。同行的朋友甚至还很用心地带了工夫茶的茶具，希望能在冰天雪地之间，来上那么一丝丝浪漫。

理想很丰满，现实很冷酷无情。我们从康克鲁斯瓦格机场驱车一个多小时，到达了可以徒步的冰盖，这里的冰盖大约经历了 250 万年的光阴，几百米厚的冰盖和陆地的交汇处，是松动的沙土。因此随着沙土的流动，冰盖也在扩展着自己的地盘。

因为要严格保护冰盖的环境，所以即使在冰盖上的露营地也没什么设施，所有装备，包括帐篷、食物甚至马桶都需要我们带进去。大家的兴奋掩盖了显而易见的艰难，大家穿上冰爪，拄起手杖，从咔嚓踩在冰盖上的第一脚开始，才意识到浪漫很可能要破裂了。

远远看起来雪白的冰盖，真正走近的时候才发现它并不是那么可爱，靠近沙土的部分已经呈现黑脏色，表面融化的水汇集起来，冲破了冰盖的厚度，形成了冰下河。向导一再提醒我们要远离那些冰窟窿，因为一旦靠近滑倒掉进去，根本不知道会被冲向何方，而且其他人也不可能钻开冰盖营救。

走了一个小时的样子，冰盖开始干净起来，寒风吹在毫无遮挡的脸上，像刀割一样疼，呼出的热气迅速凝结在眼镜片上，感觉眼镜随时会冻裂。看起来平坦的冰面，走起来却步履艰难，有人滑到的声音不绝于耳。路上有人凑到我面前问："你有没有一种上当受骗的感觉？"

我心里想，绝对有啊，话到嘴边变成了："最美的风景就要看到了。"

经过几个小时的跋涉终于到达了冰盖上的露营地，我看着湿漉漉的地面，又看了看向导坚定地把背上的袋子放在地上，我意识到目的地的确是这儿。可是在这儿怎么能睡觉呢？连块平整的地面都没有！

向导把大家聚在一起，示范了如何搭一个帐篷，然后让大家各自去安顿自己的家。这时候大家才明白"最美的风景在路上"这句话，因为到达终点的时候，就是更辛苦时刻的开始。呼啸的风，湿滑的地面，要把帐篷搭起来可不容易，虽然我是团队里三个男人中的一个，但我也已经力不从心，只能眼睁睁看着大家自力更生。这时候又有人过来问："今晚我们真的要睡在这儿吗？"

我好想安慰一句：来都来了。我最终没说出口，就是笑了笑，因为我也有同样的困惑！

有人说："背包里带的茶具，看来是派不上用场了。"

话音刚落，仿佛是上帝听到了我们的抱怨，决定给我们一点赏赐。有人"啊"了一声，伴随着"啊"的声音越来越多，我也抬头看到了奇观，太阳在落下去之前，把整个天空映射出了极其绚烂的晚霞。天空先是淡红色，如初恋般的感觉；而后变成了淡粉色，像是羞红了的脸；再后来就变成了血红色。染红了的天空倒映在透明光滑的冰盖上，光线直接洒进几百米厚的冰层，冰盖如同要裂开一般，仿佛下面流淌着的不是水，而是炙热的岩浆。

这种美，非亲临其境不能感受，我们停下手中的活儿，只是怔怔地看着。美好的景色总是稍纵即逝，当我们准备大喊大叫的时候，晚霞转瞬即逝，带走了最后一抹亮色。天空瞬间漆黑一片，切换得非常决绝。

向导把大家喊进帐篷里，围着烧着的开水，每个人哆哆嗦嗦地捧着一盒方便面，向导问："这是某一种仪式吗？"我说："我们是拜面教。"大家笑起来，这时候人群中有人说："我能不能现在回去？我还是想睡在酒店的床上。”

大家都默不作声。

“只要让我现在回去，让我做啥我都愿意。”她接着说。

我指了指帐篷外面，漆黑一片，我说：“你现在回去，我不能保证你可以活着走到酒店，你想想我们走过来的时候路过的那些冰窟窿，你稍有不慎就可能被带走。”

她不再言语。

又有人说：“这辈子，我再也不想有这样的经历了。”

说实话，我也不想了。此时我想起了山本耀司曾经说过的一段话：“自己，这个东西是看不见的，撞上一些别的什么，反弹回来，才会了解自己。所以，跟很强的东西、可怕的东西、水准很高的东西去碰撞，然后才知道自己是什么，这才是自我。”

大家不再作声，安静地吃完方便面，然后一步一滑地奔向自己的帐篷。晚上冰盖上的风如同鬼哭狼嚎一般，我忽然想去问问向导，我们安营扎寨的地方真的是千挑万选的？如果晚上发洪水怎么办？我又忽然觉得自己这个问题很可笑，冰盖上天寒地冻的，怎么会有洪水。我又想，如果晚上有人冻死了怎么办？我之前从来没想过这些问题，此谓无知者无畏。现在想了起来，但是也已经晚了。

我哆哆嗦嗦地把自己塞进睡袋里，可以清晰地感受到地下隆起的冰痕，我想如果第二天我成了冰人，不知道多少年后才会有人发现我，如果他把我解冻，我可怎么适应未来的生活。我这么乱想了一会儿，睡了过去。

不知道睡了多久，我听到帐篷外有人打招呼：“起床了，我们活下来了！”

浑身酸痛的我从睡袋里爬起来，一看周围全是水，因为自己身体的温度，一晚上睡袋下面的冰都融化了，而我又因为缺乏经验，竟然没有铺防潮垫。大家纷纷从帐篷里爬出来，如同冰封了上万年的化石，我莫名恨起发现了格陵兰岛的海盗艾力克来，真是前人造孽，后人遭殃。

大家起来后的第一件事就是排队去上洗手间。在这旷野之中，你可不要以为可以就地解决，因为冰盖上没什么细菌，如果留下人类的粪便，那么很可能几万年都不会分解，因此所有进入冰盖的人，都有一个约定俗成的规矩，那就是留在冰盖上的东西，都要自己带回去。

我就在想，其实不带回去也挺酷的，如果自己的粪便过几万年被某种生物发现，它们当作样本研究，没准儿会得出一个结论：几万年前，有一种叫人类的生物曾经生活在地球上，吃一种盒装的食物，里面的东西一根一根的，而且这群生物雄性很少，大部分是雌性，很可能是这个雄性在某种情况下死了，于是这群生物就此灭绝了。

想归想，规矩还是要执行。在离我们营地不远的一个地方就放着我们拖来的马桶，下面接着垃圾袋，所有人用完后打包放在一个雪橇上运回。你来了，你走了，你只可以留下脚印，其余什么都不要留下。

大家从冰盖返回后，想起旅行的这几天，竟然无不对冰盖上的经历赞叹不已。这种赞叹是对那晚霞之美，更是对自己战胜了一次艰难挑战后的满足。甚至大家纷纷开始改台词，由“你觉得有没有上当受骗的感觉？”改为“这或许是我这辈子最伟大的一次旅行”。

从我自身来说，这其中的原因是，我们这一生中，可能会有很多旅行，但能让你记住的，真正从心底里觉得很酷的很少。大部分旅行无非就是漂亮的酒店、优雅的环境、舒适的服务、干净的美食和朋友圈里留下的美图痕迹……你之所以很快会忘记，是因为这一切都太过于千篇一律，很快就淹没在记忆当中。

但如果有一趟旅行，你觉得非常艰苦，这就需要你不得不跟自己的内心对话，来劝说自己，进行心理建设。这时候你的心理弹性已经悄悄发生了变化，当你再遇到生活中的种种不快时，以前会勃然大怒，现在可能会莞尔一笑，因为你对痛苦的承受能力增加了。

我想这样的旅行，才会让人永生难忘，甚至当我们年老坐在轮椅上的时候，我们都很想跟别人吹这个牛：我可是当年在冰天雪地的地方呼呼大睡过的人。

大家都说旅行其实改变不了现状，这是当然。但是旅行的确能改变一个人的心理和灵魂，让心理更有弹性，让灵魂更加轻盈。

街头回应

从格陵兰岛返回丹麦，就如同春节回老家过年后，重新回到城市的感觉。虽然身处异国他乡，但是有同样的高楼，同样的科技遍地。

有一项测试城市安全指数的实验，就是看父母敢把坐着孩子的婴儿车放在咖啡店门口多久。我想丹麦肯定是排在第一了，我在丹麦的街头不时看到婴儿车放在咖啡店外，孩子们晒着太阳补着钙，爸爸妈妈们则在店内喝着咖啡聊着天。据说曾经有个丹麦妈妈在美国街头这么干，很快被警察叫过去谈话了。

丹麦的爸爸妈妈们仿佛在用这种方式提醒自己的孩子：你们是维京海盗的后裔，要有点独立的能力。

在哥本哈根街头闲逛，其实还是蛮无聊的一件事。哥本哈根最大的商业中心不过就是一栋三层的小楼，里面的店都小小的，不像我们看到的动辄装修豪华的奢侈品店。这里的奢侈品店经常缺货，逛起来很像在逛很多城市的奥特莱斯（折扣品经销店）。

而哥本哈根的标志景点美人鱼雕塑，也被很多旅行杂志评为最坑的旅游点之一，而且好像还名列榜首。我们大约会以为它是一尊很大很美的雕像，其实它很小，除了游客合影留念外，当地人貌似并不把它当回事。我反而觉得这里最宏大的建筑是丹麦的皇家图书馆，因为它的外形酷似黑色的钻石，所以大家喜欢称它为“黑钻石图书馆”。

一座城市，选择什么建筑作为自己的标志，代表这座城市的精气神。有些城市最宏大的建筑是教堂，代表着灵魂的归属。有些城市最宏大的建筑是博物馆，代表着历史的沉淀。有些城市最宏大的建筑是图书馆，代表着对知识的崇尚。有些城市最宏大的建筑是商业中心，代表着经济的繁荣。

我在黑钻石图书馆里看到一排祁克果的作品，觉得其中的文字呼应了我在格陵兰岛冰盖上的感受。

距今 200 多年前（公元 1813 年），祁克果出生于丹麦，他是存在主义的开拓者，曾经无数次漫步在哥本哈根的街头，思考着人生应该何去与何从。

祁克果，国内也翻译成克尔凯郭尔，他父亲家境贫寒，靠牧羊为生，因为生活艰辛，所以经常谩骂上帝。他父亲发迹后，娶了女佣生下了他，结果他体弱多病，加上驼背跛足，他感觉自己应该是受到了上帝的诅咒。他的哥哥姐姐相继去世，都没有活过 34 岁，因为 34 岁是耶稣被钉在十字架上的岁数，所以祁克果更加笃信自己的命运注定悲惨。

祁克果就是这样集身体残缺又异常敏感的人。他总感觉自己时日无多，于是选择了花天酒地的生活，并曾在 1836 年试图自杀，未果后他开始尝试解决自己内心的悲观与恐惧。但是挫折还是如影随形，祁克果因为解除了与未婚妻的婚约而被社会不容。当时哥本哈根有份发行量很大的黄色小报叫《海盗》，它就把祁克果塑造成了“第一流的恶棍”形象。

这些流言和挫败并没有击垮他，他终日在哥本哈根街头漫步，把思考出的结论用不同的笔名发表。祁克果认为我们对生活要保持“畏”，而不是“怕”。“畏是对所怕之物的欲求，是一种有好感的反感。”就如同我们去冰盖度过的那一夜，我们很向往，但是内心又充满了抵触。那么如何处理好这种畏的状态呢？祁克果认为可以经过三个阶段来实现。

我们要明白的是，人在一开始都会热衷于感官享受，比如美景、美食和美人。这样的人虽然有得到快乐的可能，但是也必然会因为外界的变化而让感官的乐趣始终处于颠沛流离之中。这样的人一旦遇到艰苦的环境，就会四顾茫茫，找不到拯救自己的途径。

我们要让自己从感官乐趣阶段过渡到道德阶段。这个阶段的人，对自己面对的一切都可以赋予意义，并立刻采取有道德的行为，诸如善良、正义、节制和仁爱等等。他们并不在乎面对的环境，而是检查着自己内心的道德律令，让自己按此行事。这已经很了不起了，我也曾经试图在旅行中肩负起这份责任。但是这样的人，会放弃自我检视和自我成长的可能。

这时候，人就要进入第三个阶段，祁克果认为是宗教阶段，一个人直接面对上帝。在祁克果的世界里，上帝是外在的，而在我的理解中，上帝是在自己内心的。

我们面对糟糕的周遭环境，心有沮丧，我们不必期望用美景来欺骗自己，也不必用道德感来说服自己，而是应该借助自己内心的力量，让自己内心的上帝来重新理解面对的一切。

这样一个人才能觉察到触底反弹的勇敢和与挫败对抗后成长的喜悦。

我放下书，透过黑钻石图书馆的落地玻璃窗，仿佛看到窗外那即将在寒冬中凋零的树下，祁克果捧着他那本《致死的疾病》，大声地说："绝望是这样一种病症，得到它是上帝所赐之福，从未有过它是最大的不幸。"

这种不幸在于，你从未探寻到生命的底线所在，也就无法收获更深刻的幸福。拉格纳是绝望的，但他还是带着家人奔向了茫茫大海，让自己变成了一个传奇。艾力克是绝望的，但他还是划着船找到了绿色之地，发现了世界上最大的岛屿。

我也曾经是绝望的，

但我想，

从此再也没有让我无法入睡之地。

第六篇

走过刀光剑影的婚姻

结婚是想象战胜了理智，
再婚是希望战胜了经验。

王尔德
（1854—1900）

婚姻的冒犯

两个陌生人，相遇了，相爱了，从此就进入了彼此的生活。这是一场冒险，对方的喜怒与哀乐，与我们并不相干，但因为相爱，这一切变得不再平常起来，对方的一言与一笑，会引发我们的情感。因此这场冒险的挑战在于，你是否能够忍受对方出现后对你生活的打扰。

当你想静思的时候，对方放起了音乐，因为对方觉得这才是浪漫。关于音乐，你想应该放蓝调吧，对方却觉得摇滚才有范儿。当你想赖床的时候，对方睡不着了，起床开始拖地，发出噼里啪啦的声音。当你想跟朋友打打游戏，对方却想出门散散心。

每个人在相恋的那一刻，都觉得世界很美好。但是结婚相处久了，就会不由地发出感叹：这世界还会好吗？

有人说你可以置之不理，但你扛不住对方被漠视后发出的哀叹。而你越在乎对方，你就越被变本加厉地冒犯。婚姻中，一个人再也无法只活在自己的世界里，那么这日子该怎么过？

以我多年的经验，我有三点跟你分享。

首先是双方一开始就要明确自己的步调，比如结婚的时候，我就说得很清楚，当我开始写作的时候，我会关上书房的门，除非家里进了贼，否则不要喊我，包括问我要不要吃饭。因为对一个作家来说，思路一旦被打断，就完全找不回灵感。我太太也说得很清楚，她把东西放入淘宝的购物车后，就不允许我提出异议，我觉得这很公平合理，所以就眼睁睁看着自己的稿费全部变成了她的一个个快递。

每个人都有自己的小空间，他们在这个小空间里保持着自己独有的步调和节奏。这个小空间可能是绘画，可能是写作，可能是静默，也可能是洗衣做饭。当对方进入这个空间的时候，要允许对方有跟自己不一致的权利。

两个人并不用时时处处黏在一起，也并不意味着，结婚后就把自己献给了另一个人。商量好彼此的步调，彼此理解，也彼此尊重，这才是婚姻长久的基础，否则你就会随时感觉被冒犯，只有在星巴克的角落才能找到自己的存在感。

其次，磨合彼此小空间的自主区域。我写好的东西会首先读给太太听，她买了东西很多时候会首先给我试用。有自己的空间，并不意味着要把对方驱逐出自己的视线。这个自主区域的意思，就是当我在自己的小空间里享受和忙碌的时候，我并没有忘记你的存在。我写的东西，太太会把赞美别的女人的文字删掉，而我的脸也成了太太化妆品的试验田。

因为彼此欣赏，才会给对方留下自主的区域。否则相爱的意义在哪里，做个单身汉岂不是更好?

最后要表达彼此的感受，感受表达出来，对方才会调整跟你的互动模式和频率。很多人，自己不说，却要对方理解，或者不愿意跟别人分享，却喜欢在朋友圈里表达不满，这也太见外了。

我跟太太每周会有一次彼此吐槽的机会，吐槽的时候恨意满满，但是吐槽完也就知道了对方的底线。虽然嘴上可能不认输，但是心里却已经很诚实地开始注意了。比如我太太吐槽我在家里把书扔得非常乱，我辩解说书就应该随时随地出现，才能体现它们的价值。但后来我真的很注意了，每次放书的时候我都会看看她把包放在哪里，只要有她包出现的地方，我都会随手盖上一本书，这就很公平了吧。

虽然说彼此的默契很重要，但是连沟通与表达都没有，默契就根本无从谈起。

虽然从本质上来说，婚姻的确是对自由个体的一种打扰和冒犯，但这种打扰和冒犯却可以被彼此的尊重冲淡，否则这种冒犯会愈演愈烈，直到一方被逼无奈离开。

婚姻避难所

一想到工作，很多人首先想到的是加班、上下级关系、刁难的客户与难相处的同事。可是你们有没有想一下，工作也给你提供了一个避难所。它提供了一个冠冕堂皇的理由，让你每天早上不需要任何借口，就可以从家里出走，让你可以逃离日复一日的家庭生活，坐在办公桌前长舒一口气。

之前有人采访我："你经常出差，是怎么经营家庭的？"我按捺住心中的悲伤喜悦回答说："经常出差。"对方又问："就是问你，经常出差怎么经营家庭。"我又重复了一遍："我就是通过经常出差来经营家庭的。我要是不经常出差，我太太早就把我……按照我太太的话说就是，一百次想离婚，两百次想给我茶里下毒，三百次想半夜掐死我。"

再完美的爱情，也会随着日日重复而厌倦，而夫妻间聊的话题太窄，加之彼此又太过熟悉，已经聊不出什么新意，这座围城就会变得越来聒噪，彼此相厌。但是你总不能离家出走吧？幸好，还有上班工作这件事。

早上去上班只需要一句"我走了"，就可以溜之大吉，根本不需要解释去干什么，这简直是太美妙的一件事了。下班回来也不需要解释这一天都干什么去了，还有比这个更让人轻松的事情吗？

当然还有很多仁慈的老板，一想到你面对的困难，非常贴心地安排你加班，这样你深夜回家立刻就能睡觉，而不必听彼此唠叨。我曾经有段时间，辞职后做了自由职业者，我以为自己的效率从此肯定突飞猛进，因为我是为自己干活，但是从早上没起床开始，我就开始陷入我太太“你怎么不……”的语句轰炸当中。

“你怎么还不起床？”她不知道我在被窝里赖床是在思考哲学问题。“你怎么还不吃早饭？”她不知道我正在琢磨某个语句来表达自己的思考。“你怎么还不洗碗？”“你怎么还不拖地？”凭什么她可以对我说“你怎么还不……”呢？因为在她眼中，我是一个有很多很多时间的无业游民。她不知道，作为一个自由职业者，我其实随时随地都在工作。

我没办法，只能去星巴克坐着，点一杯咖啡赖半天。但我还是逃不过各种亲朋好友的问候，比如朋友来我所在的城市了，第一个会给我打电话：“有时间吗？来机场接我一下哦。”因为在他们眼中，我就是个闲人。甚至谁家有个快递，都会让我帮着收一下。就这样，我的时间被碎片化，我每天都觉得很忙，但又不知道到底忙了什么，以及自己到底有什么存在的价值。很多人，就是这么废掉的。

正如你们想到的那样，没过多久我就开始上班了，我自己租了写字楼的办公室，注册了一家公司，自己集公司所有角色于一身，每天早上九点准时来上班，晚上经常加班。后来我还招聘了三个哥们儿来工作，他们也都是自由职业者，为家庭生活所迫来表演上班的。我一直想把公司改个名字，叫“琢磨先生上班表演艺术文化发展有限公司”。

所以感恩你有份工作吧，可以让你每天堂而皇之地离家出走。在这个避难所里，汇集了一群同病相怜的人，大家勤奋工作，努力完成业绩，没有别的目的，就是希望公司能基业长青，而自己不必总困在家里。

这才是工作真正的意义所在。

人生行李箱

我太太不知道听从了谁的建议，开始租房子住，她说："美好的人生，就应该想住哪里住哪里，人生一定不能被一所房子给限制住。"我说："那我们自己的房子怎么办？"她说："应该租给别人，帮助他们实现这个愿望。"

这种脑回路一定是山路十八弯了又弯。

那就开始搬家吧，这一搬可不得了，很多的人生秘密都被我发现了。比如，我发现搬家时最讨厌的东西就是书了，它们贵倒是真的不贵，但是却重得很。一本关于艺术史的比较重要的书，平时我都是放在架子上阅读的，如果捧在手里读，不用一分钟手就会抽筋。我太太坚持抱着这本书运动，现在她已经可以举起十几公斤的哑铃了。还有一本特别重的书，名字我就不说了，1000 页的书光参考书目和注释就有 140 多页。看完后我真的好想也写一本 1000 页的书，就一个字——道，然后剩下的 999 页都是各种参考书目和注释。

现在的书有个趋势，越来越厚。他们一定以为读者都是大力水手，臂力无穷。在装了几箱后，我决定要扔掉一些书，扔来扔去，我发现最后剩下的书不超过 100 本，这些书有一个共同特点，就是非常晦涩，比如黑格尔的《逻辑学》，康德的"批判"系列、柏拉图的《理想国》等等。其实一个人真正开始阅读这些书后，就会发现之前所有的阅读都是过家家，从此我们就开始享受到一种文化返还的红利。搬家后我把这些书都摆在了我床头的一个小书架上，每天晚上有这样一群古代先哲看着我，试想一下，我还有心情和胆量睡觉吗?

滚起来看书去!

收拾完书后，我就把眼睛盯到了自己的衣橱里，当把衣橱里所有的衣服全部堆在床上的时候，我才发现我竟然有这么多的衣服，可是平时我怎么会总是穿那几件呢?！自己买过的衣服可分成几种，一种是很贵，但是的确不适合自己的，这种衣服我不会扔掉，因为它们是我努力的目标。比如我有几件很修身的西装，虽然我已经中年发福，但是一想到还有这么贵的西装等着我，我就会乖乖跑去健身房。

还有便宜得多到不计其数的 T 恤和牛仔裤，我狠了狠心，把自己认为最好看的那几件留下，剩下的全部扔到了楼下的废旧衣物箱里。其实这账一算就明白了，一平方米的房子要几万块钱，但是一平方米的这类衣服没几千块钱，留着它们占用房子的空间，实在不划算。

我太太说："可问题是你已经买了，钱已经花了，这时候扔掉，岂不是二次浪费了? "

我说："不，我要留下空间来放更为珍贵的东西。"

我太太问："什么东西？"

我说："对你的爱。"

我太太白了我一眼走掉了，我容易吗？为了扔掉东西还要说这么昧良心的话。

在我收拾好衣服后，我发现最让我头大的部分来了。我拉开抽屉，发现里面怎么那么多线、插座，以及我太太的发卡和皮筋。它们纠缠在一起，仿佛在向我示威：我们打死也不分开。

哈哈哈，由得了你们？

我拿了一个垃圾袋一股脑儿把它们装了进去，在扔进不可回收垃圾桶的那一刻，心情那叫一个爽！再见了您哪，这辈子不要再找回来了！我刚扔完回来，我太太就说：我有那么多发卡怎么都找不到了？明天你陪我上街的时候提醒我再买点儿。

什么????!!!!

这是我丢进不可回收垃圾桶的发卡在向我索命吗？

再然后就是收拾我们家的证件了，在所有的证件里，结婚证是最薄最轻的一本，一页纸就绑架了一辈子的幸福，把两个萍水相逢的人拉在了一起，所以才有了户口本这个东西。户口本也不厚，上面多了一页，就是我儿子那一页。自从他出现在我家的户口本里，我们家就多了很多烦恼和乐趣。

比如，他小时候在我们家户口本后面的空白页面上写了奥特曼、机器猫、一休哥和美国队长的名字。我跟他解释过很多次，我们家不可能生出美国队长。他说他可以，看着他那成竹在胸的样子，我就知道未来某个美国姑娘要倒霉了。

最没用的证书就是毕业证和学位证了，自从我决定做自由职业者，这些证书就可以扔掉了。一个人的能力是不可能被限定在这几本证书里的，而真正的能力又不可能让我得到证书，比如我自诩为“金瓶梅之父”，谁发证书给我了？

收拾停当，我发现除了我的两箱书，我其他的全部家当，一个行李箱就已经足够装了，一股凄凉感油然而生：奋斗这么多年，以为自己是个响当当的中产人士，却发现自己在人间占有的东西，不过一个行李箱而已。

更为凄凉的是，我的一个行李箱挤在太太的十个行李箱中间，是那样的渺小和无足轻重。

一个有爱情滋润的人，眼里全是温柔。

一个缺少爱的人，眼里全部是功利。

婚姻的模式

有些人肯定很奇怪，有些夫妻在公共媒体上互撕，但就是不离婚。互撕模式是婚姻模式的一种，意思就是两口子谁也看不上谁，他们的日常就是互相对骂，揭露彼此的隐私和不堪，在媒体上为自己赢得好感。有些人平时在媒体上都把自己吹得了不得，在感情的事上却恨不得躺地上告诉大家，自己才是可怜的弱者。

那你们倒是赶紧离婚啊，别没事就发家丑出来恶心大家。让他们放不下的其实是利益。我见过有些两口子互相对骂了好几年还不离婚，他们认为，骂归骂，但让我损失利益跟你做个了断，门儿都没有。久而久之，这就形成了他们之间的一种互动模式，想起来就恨，恨极了就公开撕，明明就有彼此的微信和电话，就是不直接沟通，自己的意见全部在公共媒体上表达。

互撕模式用一句话概括就是：我就是喜欢你看不惯我，又不得不跟我一起生活的样子。以这种模式相处的两人，即使顺利离婚了，也会咒念很久，只要有机会就互相贬损，有些恨可能就深深地烙在了心里。伤口要愈合，只有一种可能，就是对方过得越来越差，你若倒霉，他便是晴天。

除了互撕模式外，还有些两口子的相处模式是独立模式，也可以说是丧偶模式。他们婚也结了，孩子也生了，但是各过各的，从来不跟对方一起出席朋友聚会之类的场合，每个人都有自己的事情在忙，每个人都有独立养活家庭的能力，谁也不依附于谁。

采用这种婚姻模式的人，一般都是精英分子，家是给别人看的，婚姻你们有我也有，所以请你们闭上嘴。但是说爱，拜托，真没有。这种婚姻模式很多结婚久了的人都比较认同，甚至为了保持独立，宁愿各自玩手机也不打扰对方，在家里睡觉都是分床的。

丧偶模式的婚姻会持续得比较久，一般双方不会有离婚的念头，因为这种彼此不打扰且绝对自由的关系，是让人没有压力的。丧偶模式用一句话概括就是：虽然我们彼此不懂对方，但并不影响我们在一起生活。

第三种婚姻模式是生意模式。这种模式很多企业家喜欢，当初两个人因为能力的互补走到了一起，比如男方有资源，女方有头脑，那就一起干了。生意做久了，分歧也就越来越多了，那怎么办呢？一种走向了互撕模式，还有一种走向了彻底的生意模式。分工协作，你管你擅长的，我做我喜欢的，虽然我们经营同一份事业，但是楚河汉界，清清楚楚。

这种模式我觉得会比较稳定，因为双方都看透了，婚姻就是一场交易，有得就有失。即使双方出现矛盾和冲突，也会立刻用交易来弥补。有什么事情是不能用一亿元来解决的呢？如果不能，就两亿元。

这种模式很多普通家庭也会采用，我还见过家里过日子要记账的呢，你洗碗记一分，我拖地记一分，你带孩子记一分，我熨衣服记一分。所以用一句话概括生意模式：能算清楚的事情，就别稀里糊涂。出轨了？那精神损失费差不多可以用两万块钱来弥补。出轨很多次，那你得办会员卡啊，每个月两万块吧，钱就是美图秀秀，可以把你的丑陋在我面前粉饰得还算干净。

第四种婚姻模式是宠物模式，一方把另一方当作一个小宠物。这种模式一定是一方极其有能力，而另一方只能处于依附地位。这种婚姻模式就是作家刘瑜曾经说过的施虐与受虐的关系。很多人看不懂，为什么一方这么强势，另一方那么弱势，两个人竟然还过得很愉快。原因是，施虐的本质是占有，而受虐的本质是无法独立。

宠物模式的婚姻中，双方家庭地位是很不平等的，甚至人格都不平等，但他们就是不离不弃，用一句话概括就是：你负责貌美如花，我负责赚钱养家，但花开花落，都得我说了算。

这种模式如果双方磨合好了，也能过下去，毕竟每个人都有自己的欲求，只要得到满足了，并不在意在其他地方失去一些。

第五种婚姻模式是蜜罐模式，两个人每天爱得死去活来，在大街上情到深处都能互相啃得满脸口水，在双方的眼神里看到彼此，全部是欣赏和爱意。很多人觉得这种模式也就在刚刚相爱的时候存在，其实也不尽然，因为这种模式的关键是彼此欣赏。

要做到彼此欣赏，双方就一定有让对方欣赏的地方。他们既不像独立模式那样缺少交流，也不像生意模式那样捆绑在一起，而是每个人在做好自己的同时，眼睛也会放在对方身上，觉得对方好棒，好值得自己骄傲。因为对方太棒，太让自己骄傲了，所以又怕对方被别人抢走，因此赶紧亲几口以缓解紧张感。

蜜罐模式概括起来就是：我以有你这样的爱人为傲。

互撕模式、丧偶模式、生意模式、宠物模式和蜜罐模式，到底哪一种是理想的婚姻模式，真的要看彼此是否认同，只要两个人达成一致，任何一种模式都可以成为一种生活方式。

互撕模式让你保持旺盛的斗志，

丧偶模式让你保持人格的自由，

生意模式让你保持稳定的收益，

宠物模式让你保持欲求的平衡。

而蜜罐模式，

让别人知道人间还有真爱的传奇。

家中的旅行

我曾经写过一个段子：一到春节、国庆节等各种节日，北上广深的朋友们纷纷出门，放着动辄几百上千万元的房子不住，这多糟蹋钱啊。照此说来的话，大家都宅在家里，这是最大化地享受了自己的投资，而如果出门的话，你不仅没有享受到你付出的买房款和利息，而且还要多花一笔钱用于出门后的消费，这叫双重损失。

房子是很多人一辈子最大的一项投资，但是许多人在拥有后却对它熟视无睹，真是得到了就不知道珍惜。我太太对这个观点深表认同，好像她听懂了这是什么意思。如果你看一个人是不是幸福，就看看他的爱人，如果她的爱人愁眉不展、脸色发暗、不修边幅，你就大约知道对方每天生活在一种什么样的精神状态中了。

而如果你要看一个人的生活是不是有品质，则可以看看他房间里的情况。如果沙发上混乱不堪，地上油油腻腻，厨房里乱象横生，床上皱皱巴巴，你就知道这个人每天被一种怎样的环境熏陶。一个内心阳光明媚的人，是不会允许这种情况出现的。

你如何整理自己的生活，你就会拥有怎样的精神状态。

有些人觉得，如果两口子一个喜欢整洁，一个恰恰相反，这属于生活中的小事，无伤大雅。但是我认识的朋友中，因为这件事离婚的人非常多，因为这恰恰是生活中的大事，如果两个人的想法差异太大，则每天冲突不断。一个人非常难忍受的情况是，自己刚收拾整洁的沙发，瞬间被对方放上了各种衣服杂物，那一刻，你会特别灰心和沮丧，觉得你们处于不同的平行空间。

疫情期间我宅在家里二十多天，我们两口子展开了家庭旅行，在旅行中，我们达成了以下共识：

客厅是公共空间，本着谁的东西谁负责的原则，如果没有及时整理，对方可以将属于你的东西一股脑儿地扔到睡觉的床上。对，就是堆在对方睡觉的那一半。

自从施行这条原则后，我们家的客厅变得非常干净，我也很主动地把自己的衣服挂在衣橱里，而我太太的衣服则经常堆在我睡觉的一侧。我太太跟我说："如果你觉得我做得不好，那就应该加入我，一起来改善。"真的是闻者落泪啊。

厨房重地，则实行分工协作的原则。我太太手艺好，负责做饭，我儿子负责把所有餐桌上的东西放入厨房，而我负责善后处理，三权分立，各司其职。自从实施这项原则后，我太太经常把自己穿脏的衣服放在盆子里，然后再放在厨房。我说我只洗碗，不洗衣服。她说："这些衣服是我做饭的时候弄脏的。"真是辩论奇才啊，脑回路惊人。

洗漱的地方有很多我太太的护肤用品。我实在搞不懂，脸那么小的面积，怎么会有那么多的护理工序，瓶瓶罐罐加上各种刷子，摆满了洗手台区域。再看看我太太的脸，我觉得卖这些东西的商家涉嫌欺诈。但是太太告诉我，这些贵的化妆品，如果用不完，是可以传世的。面霜恒久远，一瓶永流传。

我说难道没有保质期吗？她说还没到保质期早就用完了。

我说那怎么传世？她说所以要多买。

这个逻辑真的是惊天地泣鬼神啊。

于是我决定跟她分而治之，她的东西只能放在左边，我的东西只能放在右边，如果越界了，就可以交给儿子去做化学实验。现在唯一的困扰是，等摆放完我才发现，我的东西比太太的多得多，我照了照镜子，觉得真的是一分钱，一分货。

卧室里最主要的困扰，是我们的作息习惯不一致，我太太习惯晚睡，我则习惯早睡，我太太很少在下半夜两点前睡觉，而我一点五十左右就早早睡了。差了十分钟，你们作息时间的差异真的是太大了。早上我太太很少在十点前起床，而我一大早九点五十五分就起床了。于是我们决定，如果不睡觉，就不能进卧室，而进卧室，就必须马上睡觉，不能玩手机。

这是我们家贯彻得最好的一条原则，现在我们两口子基本上都睡在客厅沙发上了。

阳台是一个比较难处理的区域。我太太喜欢在那里养植物，比如葱啊，土豆啊，豆芽啊，郁郁葱葱，她脸上经常洋溢着农民伯伯面对丰收的喜悦，而我则喜欢在阳台上洗衣服。你可能觉得，这没什么干扰啊。你还是太年轻了！你试试晒衣竿上吊着各种花盆的感觉，而只有一个可以晒内裤的空间可以利用，你会不会冒出“小确幸”这一个词？

我说：“你有没有觉得家里的植物有点儿多呢？”

第二天，她就在晾衣竿上开始晒肉，她说那是动物。

我经常站在阳台上想：我是谁？我来阳台干什么？我面对的都是些什么？

我现在好像忽然明白，

很多人即使有了很贵的房子，

也愿意出门旅行的原因了。

当你发现一只蟑螂的时候，

这间屋子里已经有成百上千只蟑螂了。

当别人对你大发脾气的时候，

对方已经对你有千百句怨言了。

佳节想离婚

每逢春节必然少不了一种新闻，说某某城市女去某某山区男家里过春节，遇到各种千奇百怪的事情，比如一大早被叫起来做饭，做好饭还不能上桌吃。豪气一些的女生一掀桌子说：“去你的！”独自回城市了。憋屈一点儿的忍下来发个朋友圈或微博问：“怎么办，在线等，急！”

我们不讨论风俗，因为很多地方的风俗就是很愚昧和落后。我想跟大家讨论的一个话题是，小两口单独在一起的时候，很多矛盾能解决，但是一回到老家，或者父母在场，这些矛盾就会激化。

究其原因，父母在场的时候，矛盾被赋予了更多的情感因素。比如小两口要决定晚上出去吃什么，老婆说吃麻辣烫，老公想吃烤串，但如果老婆坚持说吃麻辣烫，老公也是可以忍下来的，反正天长日久，大不了明天自己单独找哥们儿去撸串。但是父母如果在场的话，这种矛盾就加剧了，老公会想：“凭什么都要听你的？你尊重过老人吗？我父母含辛茹苦抚养我这么多年，你怎么就这么不懂事呢？”这时候矛盾就开始升级了。

回老家过年也是如此，如果小两口出去旅行，遇到落后地区的某个风俗，没准儿你还觉得很有趣。但是如果回老公家就不是这样了，女方会想：“你们这是联合起来欺负我，你大爷可忍，姑奶奶我不可忍。”

所以问题的关键在于，矛盾和冲突一旦附加了亲情的元素在其中，人就变得不再理性而吹毛求疵起来。这也是为什么，我通常建议，除非父母非常体贴，否则尽量不要和他们住在一起。本来小两口打打闹闹也能过得下去，因为父母在场，反而就觉得这日子简直没法过了。比如吃完晚饭，两口子都不想洗碗，那就扔在那里明天再洗呗。但是父母就会说：娶个老婆（嫁个老公），吃完饭连碗都不洗。你被父母这么一撺掇，越想越觉得这婚姻简直太不适合自己了。

那怎么办呢？我们不能只发现问题，不解决问题。

首先，我还是建议尽量不要跟父母长期住在一起，生活习惯、作息规律都不相同，哪怕你帮父母租房在自己小区，也不要住在同一个房子里。父母有他们自己的生活节奏，而且父母管孩子很多时候是出于惯性，因为孩子就是被他们这么养大的，早上几点起床，中午几点吃饭，下午几点睡午觉，晚上不要玩手机……在父母的要求下，你很快就会失去自己的生活节奏，而变成一个没什么生气的中老年人。

其次，当我们回老家过春节的时候，要提前做好彼此的心理建设，而不应该想当然。反正就待那么几天，你抗争也很难改变多年积累的风俗习惯，就当去非洲某个部落旅行呗。当然我不建议在老家待太久，回去待个几天就可以了，如果真想孝顺父母，不妨平时多接他们出去旅行，要本着多频次、短时间的接触方式。

最后，恋人或夫妻要做好彼此的缓冲，而不是袖手旁观。比如回老公家，那么男人就应该保护好自己的女人，如果家里人不允许女人上桌吃饭，你就可以说："我太太身体不太好，我陪她取一点回房间吃吧。"最怕的是，男人无动于衷，冷眼旁观着自己太太的尴尬处境。我认为一个所谓的好老公，就是始终能够在太太跟父母有矛盾和冲突的时候，温和地站在太太一方。

生活，毕竟不只是夫妻两人的世界。

父母非常重要，

但你冷静想一想，余生跟谁生活得更久。

你自然就会得出结论，

讨好谁，你才会善终。

没意思变有意思

生活中的很多事情好像都没什么意思，包括婚姻。

安排了大半年的旅行行程，终于等来这一天，结果赶到目的地一看，你摇着头说出三个字：没意思。

想想看，没有比这更伤感的话语了，你让花出去的钱怎么想?

再比如跟人谈了几年的恋爱，终于盼来了婚礼，结果婚后几个月发现婚姻并没有让日子变得更好，反而日复一日的生活消耗掉了所有的激情。于是在某一个晚上睡前，你翻了个身说出三个字：没意思。

没有比这更失望的话语了，你让躺在身边的“新郎官”怎么想?

那么问题来了，到底怎么样你才觉得有意思?

这个问题的答案其实很简单，那就是超出自己期待的部分，才能叫有意思。我们把自己的期待画成一个圆，再把现实的生活画成一个圆，如果两个圆圈完全重叠，那就叫不过如此。因为一切都跟自己想的一样，所以就显得平淡无奇。

而如果期待的圆很大，现实的圆很小，那就叫没意思。因为一切都不及自己期望的那样。还不如那种完全重叠的情况。

再想想，如果现实的圆比期待的圆大，那才叫有意思，因为竟然有自己没想到的地方。我以为（期待）你不会弹钢琴，你竟然会（现实），那就叫魅力，你这个人才叫有意思。

这就很好理解了，对于旅行这件事来说，其实大部分体验都是没意思的。因为我们对旅行目的地的期望，基本都建立在去之前自己看过的那些摄影作品上，摄影师精湛的摄影技术加上后期的各种渲染制作，给我们营造了一幅期待的图景。

但我们并不知道，那已经是目的地最美的状态了，因此你觉得没意思，基本上是注定的。你实际看到的景色，一定不如修过的图更能带来视觉刺激。

大部分人在恋爱的阶段已经享受过最爱、最怦然心动的感受了，所以从婚礼那一刻开始，这种感受就开始衰减。毕竟得到后，珍惜感就少了，因此“没意思”也基本是你肯定会得出的结论。

这么看来，旅行也好，婚姻也罢，都逃脱不了“没意思”的宿命，那人生岂不是很没有意思？

怎么办？

我们要知道期待是很难改变的，因为我们很难让一个人降低期待值，你让他降低期待值的那一刻，没意思的感觉就立刻出现了。凭什么让我降低期待？难道我就不配享有最好的？真没意思啊！

因此我们能改变的只能是现实的那个圆圈，想办法让它变得更大。在旅行中，除了感受摄影师给你的美景，以及在当地生活过的名人传递给你的某种气质，你必须还要去挖掘更多意外的惊喜。比如排队，我相信去过迪士尼或者环球影城的人，都明白排队就意味着生活，排队五小时，玩乐几分钟。

那排队的几个小时可以做些什么？如果我带着儿子，我就会跟儿子聊天，因为平时哪里有这么多的时间聊天，这时候就可以一股脑儿地聊个够，反正也没别的事情可以做。这个聊天的过程就扩大了现实的圈子，属于迪士尼玩乐项目的增值服务了，你就会觉得有意思多了。我忽然发现迪士尼让大家排队等待，是一个促进感情的特别设计。

有一年春节，我开车单独带父亲一个人回家，路上我们聊了很多，我父亲说那是他觉得最美好的时刻，因为除了我们父子再没有别人，我是完全属于他的，他也完全属于我。平平常常的一次开车经历（没什么期待），因为我们真诚的沟通而变得有意思起来（扩大了现实）。

当然，旅行中还有很多扩大现实圆圈的方法，比如尽量去观察旅行的细节。这些细节有当地人说话的方式、当地植被的特色、路上奇怪的标语等等。细节一般不会涵盖在旅行前的期待当中，摄影师也没有办法强行霸占这部分体验。

婚姻生活的意思也大致如此。

对方的长相、对方的性格、对方爱自己的方式等等，其实在期待中都已经固定了。但是人最奇妙的地方在于，我们可以让那些烦琐重复的现实生活，变得更加充盈和丰满。比如有一次我们家正在做晚饭，太太让我去阳台的某个角落薅一点葱来。我走到阳台一看，真没想到她在一个小塑料盒子里养了很多小葱，我觉得这件事有意思极了，就连根拔起了好几棵送进厨房里。

我太太说，有你这么拔葱的吗？你是鲁智深吗？你要从根上面轻轻掐断，这样过不了几天，葱就会继续长出来，我们就可以过上继续吃葱的生活。

我觉得太太养葱挺有意思，很有情趣。我估计太太觉得我拔葱这件事很有意思，以致后来她无数次跟人讲起我这个笨老公的拔葱事迹，都先把自己笑得花枝乱颤。

同样，生命的本质，就是没意思的一件事，因为从出生那一刻开始，你就知道在终点等待的是死亡。但因为人生经历中的无限可能，让现实生活变得有意思起来。旅行本身也是挺没意思的一件事，但是你开始关注细节，渐渐体验到超出自己期待的事物，你的旅程就会有意思起来。

婚姻，每个人都知道是坟墓，但没事半夜三更在墓地里哼哼几句，还是有诈尸的可能的，让想来盗墓的人吓得魂飞魄散，一蹦三尺高，那还是很有意思的。

第七篇

走过五彩斑斓的土耳其

对待生命你不妨大胆冒险一点，
因为好歹你要失去它。
如果这世界上真有奇迹，
那只是努力的另一个名字。
生命中最难的阶段不是没有人懂你，
而是你不懂你自己。

尼采
（1844—1900）

世界的首都

公元 1453 年，在地中海和黑海的连接处有一座城市，迎来了它历史上最残酷的一场战役。从地图上看，这座城市脆弱得如同一根线条，但这跟线条连接起了欧亚大陆。这场战役来袭的一方，是奥斯曼帝国，21 岁的皇帝率领 20 万大军围住了仅有 7000 人防守的拜占庭帝国首都君士坦丁堡。

这个拜占庭帝国，就是强悍到不可一世的罗马帝国的一部分。罗马皇帝戴克里先觉得罗马太大了，实在管不过来，就想出了一个高招，将罗马一分为二：西面的叫西罗马帝国，也叫神圣罗马帝国；东面的叫东罗马帝国，也叫拜占庭帝国。

这两个帝国分别由两个皇帝（称作奥古斯都）和两个继承人（称作恺撒）统治，皇帝做满 20 年后必须退位，然后让给自己选的恺撒。新恺撒当上皇帝后，需要再选好恺撒。这样戴克里先就觉得解决了领土管理不过来的问题，而且也彻底解决了父子传承的弊端。可以说，这个皇帝实在是很傻很天真。

将罗马一分为二后，戴克里先就宣布退休，回家种地去了。他的确是一个高尚的人，一个脱离了低级趣味的人。西罗马的首都是罗马，公元 476 年就被灭了。而东罗马帝国却越来越强盛，一直存在到 1453 年。

东罗马帝国的首都是君士坦丁堡，要感谢罗马帝国上一位杰出的皇帝君士坦丁，一听这名字，我们就知道这是他建的城。他一度将分裂的东西两个罗马合并在一起，想建一座新都城，能够囊括当时世界上最好的建筑艺术和娱乐设施。他声称自己得到了某种神谕，必须要在当时的古城拜占庭的基础上修建一座新城，才能恢复罗马帝国的荣耀。

有句俗话叫罗马不是一天建成的，但是君士坦丁却仅仅用了 6 年就将拜占庭修建一新。工匠从帝国的四面八方被召集而来，他们用大理石修建了各种凯旋门，宽阔的大道四通八达，路边精美的雕像装饰着这座城市。成千上万的人会集到这里享受着丰富的精神生活，君士坦丁公开支持人民参加各种活动，斗兽、角斗、哑剧、唱诗，精彩纷呈。

为了纪念君士坦丁为这座城市做出的巨大贡献，公元 330 年 5 月 11 日，人们开始把这座城市叫作君士坦丁堡。而以君士坦丁堡为首都的罗马帝国，也开始被大家习惯地称为拜占庭帝国。

时间来到了 1453 年，奥斯曼土耳其帝国的继任者、21 岁的苏丹穆哈穆德二世亲率大军压境，此时的拜占庭帝国摇摇欲坠，土地被蚕食殆尽。拜占庭帝国的皇帝君士坦丁十一世誓死要捍卫古罗马的荣耀，但是他的实力实在不允许他有这么大的雄心，最终在奥斯曼土耳其人的炮火中战死，君士坦丁堡到了奥斯曼土耳其帝国的手中，从此大家开始称君士坦丁堡为伊斯坦布尔。

或许是因为历史上的动荡，这座城市表现出极大的宽容性。它不像我去过的其他伊斯兰国家，现代的伊斯坦布尔没有对着装做任何限定，他们认为这都属于个人自由。所以走在伊斯坦布尔的街道上，每一个人都展现出自己的姿态。这让我想起一个总结：“只要你不影响别人，随便你怎么变态”的包容心和“不管自己怎么变态，都不能影响别人”的责任感。这段话原来用来描述日本，我觉得用在土耳其也非常贴切。要做到如此可不容易，远处传来的祷告声提醒你，这里还是一个有宗教信仰约束的地方。

拿破仑说，如果世界是一个国家，那么首都必然是伊斯坦布尔。而伊斯坦布尔所有的精神体现，我认为是它的独立大街。这条街非常长，以至在每一个拐角我都以为走到了尽头，但是转角就是新的一段。

在伊斯坦布尔的独立大街上，有着各型各色的酒吧和咖啡店，基本上每走几步就有一家，生意火爆到下半夜两点还要大排长龙等位子。夜生活太过于丰富，导致整座城市早上醒得特别晚。

早上六点的独立大街归我和一些清洁工人所有，这时我才得以窥见伊斯坦布尔的艺术气息。尚未开门的小店，拉下的卷帘门上是各型各色的涂鸦。走在这样一条大街上，中间是电车的轨道，两旁是大胆而前卫的艺术作品，让人有一种恍然身处巴黎的错觉。

伊斯坦布尔的狗和猫比人要勤快，一早就开始自由奔跑起来。随处可见流浪狗和猫，并不是因为它们可怜没人养，而是在当地人看来，这些动物就应该追求自由的生活，而不是变成人类的宠物。

这些动物不怕人，想去哪里就去哪里，想睡在哪里就睡在哪里。当地很多人会义务给它们投食，我想，如果以这些动物的眼睛去看人类，一定会觉得人类就是为它们奔波忙碌的奴隶，辛辛苦苦为生活打拼，就是为了来给它们投食。

关于这种自由和奔放，我们还需要听听土耳其的一位杰出领袖的故事，这个人叫凯末尔。我在伊斯坦布尔的时候，住在他住过的一家酒店，在他住过的房间的隔壁的隔壁的隔壁。是的，中间隔了两个房间，我是个很严谨的人，所以特地数了数。这个酒店的名字叫佩拉宫酒店，酒店一直保存着这位土耳其国父住过的房间——101 号房。

在这个房间里有一张地毯，上面用各种暗语非常明确地预言了凯末尔死亡的时间，1938 年 11 月 10 日 9：07。

凯末尔出生在一个小官员的家庭，经历过数次战争后，他凭借自己的军事才华保卫了国家，土耳其人说七个国家联合起来都打败不了他。1923 年 10 月 29 日，土耳其共和国正式宣告成立，凯末尔当选为共和国首任总统，两天后，大国民议会根据凯末尔的提议，废除了封建的苏丹制。一个人大权在握，说放弃是何其难的一件事。

凯末尔说："这个国家无论如何也要成为现代文明的国家。对我们来说，这是个生死存亡的问题。"凯末尔曾经这样告诫土耳其人民。

他上任后采取了一系列改革措施，粉碎封建势力，推广新式教育和文字改革，实行资产阶级司法制度，废除一夫多妻制，给予妇女受教育权、遗产继承权，大力发展经济，领导土耳其摆脱了中世纪封建专制的束缚，逐步跨入民主国家的行列。

1934 年，土耳其大国民议会授予他"阿塔图尔克"为姓，意为"土耳其之父"。由于积劳成疾，四年后，年仅 57 岁的凯末尔告别了人世。但是，土耳其人民永远记住了他深情的话语："我微小的躯体总有一天要埋于地下，但土耳其共和国却要永远屹立于世。"

有些人留在了历史的长河中，被永远铭记。

有些人残留在历史的遗迹中，一直被唾弃。

TURKCELL
TAKSİ
34 TCL 23
KUAFÖR

荒谬的激情

我坐在佩拉宫酒店的阳台上，看着楼下出租车川流不息，想着这座城市的历史，我就在反复琢磨一个话题，那就是：我们的努力到底有何意义？

试想当年的君士坦丁已灰飞烟灭，凯末尔也在历史的流逝中沉寂，一代又一代人誓死守卫的城市也一次次倒下，在坚守与毁灭中，我感受到了荒谬。

我们的人生总想追求什么意义，但是我们却清晰地知道，这一切其实并没有什么意义。每个人终将毁灭，地球终将毁灭，一代又一代的人看似努力地拼搏着，其实跟一条虫子在树上努力爬行没有太大的区别。你总觉得人生有意义的生活，跟世界没有意义的真相之间产生了碰撞，这种巨大的虚无感，给人一种颓丧的感觉。

这种感觉就如同我们观看一部电影，里面的每一句话、每一个情节都是有意义的，里面的英雄们拼尽全力拯救人类，让我们激动不已。但是当我们走出剧院回归平庸的生活，却是一眼就可以望得到头的结局。每天起床、洗脸、刷牙、上班、工作，然后下班，每个月领着维持生计的薪水，然后买房、买车、生孩子，一切看起来并没有什么高尚的意义，我们像上了发条的钟表，摇摆到八九十岁，然后寿终正寝。

我们再把眼界放大一点，地球处宇宙一隅，茫茫浩瀚的宇宙到底为什么而存在？渺小无比的地球，更为渺小的人类，放在时间和空间面前，都根本不值一提。坐在飞机上俯瞰地面的时候，你或许就会有这种荒谬感，每个小小的人，如同沙砾一般，竟然还散发着各种爱恨情仇，是不是可笑无比？

萨特对这种生活的解释是："在生活中，什么事情都不会发生。只不过背景经常变换，有人上场，有人下场，如此而已。在生活中无所谓开始，日子毫无意义地累积起来，这是一种永无休止、单调的累加。"

一个人总是把自己看得很重，实际上你无足轻重，这就产生了落差。一个人总是想追求点什么有意义的东西，但实际上，我们根本看不清宇宙运行有什么意义，这样产生了荒谬感。

荒谬这个概念我们可以追溯到加缪，加缪出生在阿尔及利亚的贫民窟，父亲战死沙场，母亲靠给人帮佣勉强维持着生计。母亲让加缪读书，纯粹是为了让他有个地方待着，但是一个教加缪的小学老师从他身上发现了天赋，老师极力劝说加缪的母亲，让他继续读下去。因为这一坚持，43 岁的加缪拿下了诺贝尔文学奖。

获奖后的加缪给这位老师写了一封信，他写道："喧哗已经平息了，终于可以给您倾诉我的肺腑之言了。我刚刚被授予了一项荣誉——这是我从未争取过的。当我得知这个消息时候，我第一个想到的，除了我的母亲就是您。没有您向这个可怜的孩子伸出慈爱之手，这一切都是不可能的。”

得到命运眷顾的加缪，却发现了世界的荒谬，荒谬是不是就不值得珍惜？恰恰相反，荒谬让我们更加珍惜，更加勇敢。加缪通过西西弗的神话很清晰地表达出了自己对荒谬的理解。

西西弗是古希腊神话中的一个人物，他是一个国王。他知道天神之首宙斯的一个秘密，那就是宙斯掠走了河神的女儿伊琴娜。当河神找来的时候，西西弗就要河神赠送一条四季长流的河来交换他知道的这个秘密，河神答应了。

宙斯的丑闻被曝光，他恼羞成怒，于是派出了死神押送西西弗下地狱，没想到西西弗很聪明，反而绑架了死神，让人间得以长久安宁，没有人会再死去。后来众神将死神救出，西西弗才被打入冥界。

经历了种种斗争，西西弗最终被处罚，在一座陡峭的高山滚动一块石头。他每天必须要把这块沉重的石头推向山顶，然后此时石头又会滚回山底，西西弗必须重新走到起点，再次推动这块石头，无始无终。这件事在空间上没有尽头，在时间上也没有穷尽。

加缪说：诸神的想法多少有些道理，因为没有比无用而无望的劳动更为可怕的惩罚了。

可是诸位想一想，我们的生活难道不是如此吗？每天我们重复的行动，起床后去上班，开电脑敲打着键盘，然后下班睡觉。第二天再来一次。我们看似每天劳作，无非也是在一次次地将石头推向山顶罢了。

加缪对此说了极其深刻的一句话：造成西西弗痛苦的清醒意识，同时也造就了他的胜利。这句话是罗曼·罗兰的英雄主义最恰当的哲学注解，罗曼·罗兰说：世界上只有一种英雄主义，那就是看清生活的真相后，依然热爱生活。西西弗非常清楚自己在做什么，他也知道自己要遭受这没有穷尽的惩罚，但是他在顶起石头的那一刻，在他顶着石头前进的每一步，他都是一个胜利者，因为在那一刻，他就在跟荒谬做着对抗。

而如果他放弃了呢？那他就是认了命，他就会一败涂地，因为他连对抗的勇气都没有了。如果放在人世间，那就是开始蝇营狗苟，又或者是走向了自杀。其实在加缪看来，一个人放弃了推动石头的勇气，就意味哲学上的自杀了。

所以西西弗最值得人崇敬之处在于，他每一步都在宣告自己的胜利，他体验到了自己的存在，感受到了石头的移动、身边的风和脚下的流沙。

不必说永不屈服，你只需要说此刻我不屈服，你就在宣告着自己作为人的尊严。同样，当你明白了这个道理，你就永远、永远、永远不会被击败。

念及此，我的内心深处慢慢泛起了一种勇气，哪怕历史的车轮滚滚而来又绝尘而去，我们无法决定它未来何时会毁灭，但是至少我们可以冲到它面前大吼一声：

不是今天！

你看那红尘，
散落在历史的长河里，
无影无踪。
你看那灯光，
红了又绿，
路上行人换了一茬又一茬。
你看那些爱恨与情仇，
聚散又离合。
你看那些漂亮的人儿，
岁月寄生在皱纹里，
榨干了水分。
斗转了，星移了，
抬头，
豪迈到可以独守这浩瀚苍穹。
低头，
又常觉得一切徒劳无功。

飘浮的气球

所有来土耳其的人，几乎都是奔着热气球来的，这如同很多人童年的梦，看着五颜六色的气球腾空飞向天空，自己在下面追啊跑啊，仿佛那是自己放飞的梦想。

而身处土耳其，你就有一个机会插上一根机器猫的螺旋桨，可以跟着热气球一起飞翔。那种感觉，会让你像个孩子一样惊喜地张大了嘴巴，久久难以合拢。

土耳其的热气球在卡帕多奇亚，这里拥有月球地貌，也叫卡斯特地形。让热气球飞起来不算本事，飞起来能看到壮阔的景色，才会相得益彰，因此卡帕多奇亚被上天选中了。我以为热气球会是小小的，下面一个篮子装三四个人。当我凌晨四点被叫醒，从被窝里爬起来赶到起飞基地的时候，我才发现自己还是见识太少了。

离热气球飞行基地还很远，我就听到轰轰隆隆的吹风机声音，走近看时，一个个干瘪的气球倒在地上，仿佛在等待着新生的到来。等到气球差不多被吹起来的时候，下面就开始间歇性地喷火，直到整个热气球挺立起来。这时候我们就发现，热气球下面有一个长方形的篮子，我们一个一个爬进去，总共进了 30 多个人。

这时候，大家就开始目不暇接了，旁边的热气球纷纷摆脱了地球的引力，垂直地离开地面，向上飞去，等我发现飞起来的时候，

我们差不多已经到接近 1000 米的高空了。

那种感觉是什么呢？美好。

那什么是美好的感觉呢？

就是你会想，可以了，可以死在这里了。

六月的土耳其虽然是夏季，卡帕多奇亚的温度还是降到了 15℃左右，穿着外套都能感觉到寒意。随着热气球的起飞，我们慢慢暖和了起来，毕竟人家叫热气球，岂是浪得虚名？

每次喷火作业都是一次烧烤的过程。

这时候太阳也缓缓升起，点亮了整片蓝色的天空，它也加入了热气球的阵营当中。它估计也像个好奇宝宝一样，看着这些飞在空中的家伙：你们是谁？你们来我的地盘要干什么？

操作热气球是个很精细的活，开热气球的人，是不是应该叫“球长”？我们的“球长”穿着一身白色制服，一本正经地让热气球起伏波动，在蜿蜒的峡谷中飘荡。热气球的降落比起飞要难，要求非常精准，要精准地停在地上一辆小货车的车斗里。我们起飞前接受的培训是要抓紧并且弯腰，但是“球长”说算了，别那么麻烦了。

我们说：“还是弯一下吧，来都来了。”

球长说：“别整这仪式化的东西。”

听这口气就是咱大东北的豪爽爷们啊。

降落后，每个人会得到一个证书，然后再开香槟庆祝，不知道这个证书可不可以放到简历当中，我曾经荣获“2019 年度土耳其热气球升空锦标赛大奖”。如果可以，那真是我的最高学历证书了。

坐完热气球我们就回到了洞穴酒店。因为地形的原因，这里的人都喜欢挖洞来住，久而久之大家也就不喜欢盖房子了。但是洞穴毕竟潮湿阴暗，因此这里的洞穴酒店大多是形式化的洞穴，并不是真的凿在洞中。

有趣的事情是，洞穴酒店里的每个房间都不相同，因此我们在入住的时候采取了抽房卡的方式，抽到什么房型靠缘分。有的人房间里有巨大无比的浴缸，有的人房间里有巨大的床，而我的房间就

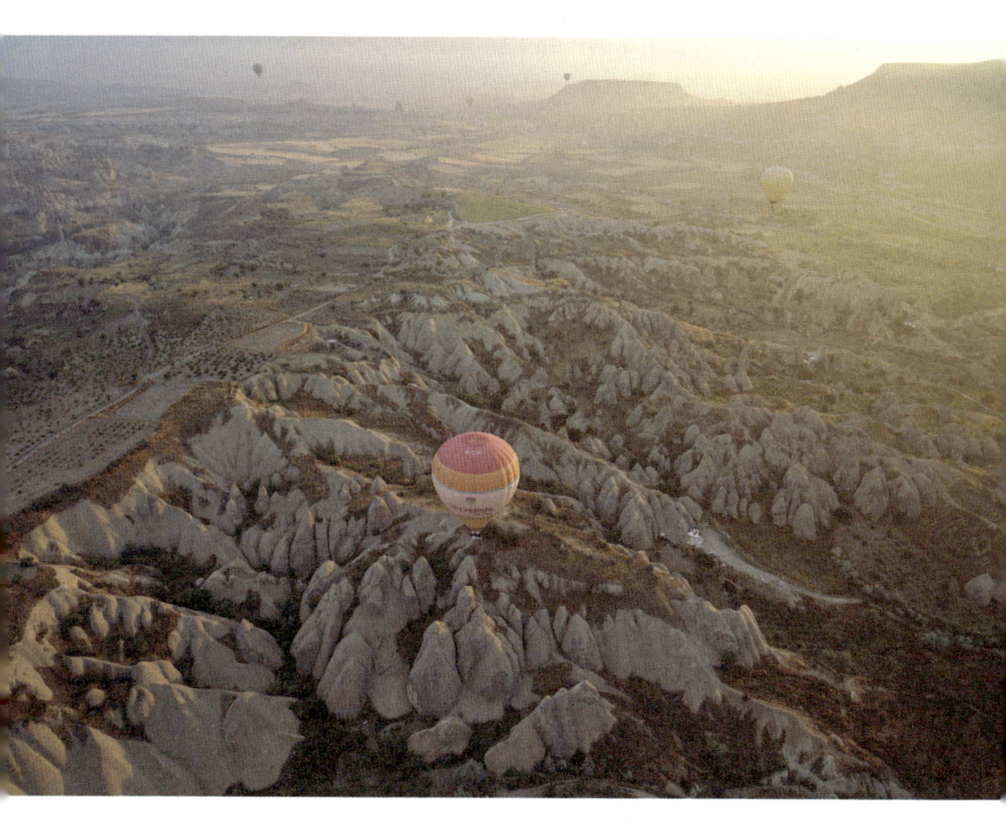

比较特别了，有五卷卫生纸，我不知道这是何用意。

躺在舒服的床上，我本来以为这心潮澎湃的一天就这么过去了。同行的朋友提议坐越野车，说换个角度看看今天早上飞过的地方，这脑回路着实让人惊喜。于是大家纷纷表态，认为这个提议棒极了。当我坐上车的那一刻，我只想说：我的个神哪！

给我开越野车的司机是一个留着胡子的土耳其人，话说土耳其人几乎没有不留胡子的。他看我们上车后就开始翻自己的歌单，貌似在找某种驾驶的感觉。当他翻到一首有动次打次节奏的歌时，回过头来对我微微一笑说：Let’s go！（我们出发吧！）

怎么说我也已经有20年驾龄了，什么场面没见过，自驾去过西藏，横穿过美国，但我还是被他震撼了：踩一脚油门紧接着踩一脚刹车，左右不停地晃动，只要见到一个凸起的地方，车都要压上去。而我们的车，一侧是高山，另一侧则是深不见底的峡谷。

如果你去土耳其，一定要体验一下极限越野车，毕竟不能只有我自己“受害”。不过话说回来，自从坐了他开的车，我现在坐飞机一点儿都不恐慌了，也治好了多年晕船的毛病，回来后，我甚至都开始翻阅去火星旅行的相关新闻了。

接下来我必须说一说棉花堡了，因为很多人对土耳其的印象不是热气球就是棉花堡。我们从摄影大师镜头中看到的棉花堡，是白白的如同云朵的感觉，而其中的温泉充盈着一个一个小的池塘，白里透着绿，绿里透着白。但现实的情况可能并不是如此，此时的棉花堡泉水接近干枯，而仅有的几个池塘里横七竖八地躺着不知道什么人，不知道他们是在放飞自我还是以为这水能治疗什么疾病，那种观感让人觉得百感交集。

我倒是觉得棉花堡旁边的古城更有味道，看着断壁残垣，颇有无边落木萧萧下的感伤。

古城依然保留着当年的斗兽场。我坐在观众席的台阶上，我知道无数人在古城辉煌时来过这里，然后看完表演，就赶回了自己住的地方。

此刻我们穿越历史，坐在同一个位置上。

那一天，你们见证了斗兽场的血腥。

而今天，我看见了时间的痕迹。

何处寻激情

每次在旅途中，我们的思考就会变得敏捷起来。

阿兰·德波顿在他的《旅行的艺术》一书中，是这样解释的："很少有地方能比在行进中的飞机、轮船和火车上，更容易让人倾听到内心的声音。我们眼前的景观同我们脑子里可能产生的想法之间存在着某种奇妙的关联，宏阔的思考常常需要有壮阔的景观，而新的观点往往也产生于陌生的所在。在流动景观的刺激下，那些原本容易停顿的内心求索可以不断深进。"

而一个人长期在一个习惯的环境里，会让自己的敏感性钝化，从而一切都想当然，只会陷入人际关系的蝇营狗苟之中。

当我坐着游轮行驶在博斯普鲁斯海峡的时候，我一直在思考另一个问题：人生既然短暂而匆匆，我们去何处寻找激情？

我见过一个计算人生时间的方法，掐头去尾再减去每天三分之一睡觉的时间，还有交通赶路、发呆生病的时间，能有十年供自己掌控就已经很不错了。

可就算是自己能掌控的时间，举目望去也经常有无聊感，人与人之间的尔虞我诈，利益之间的腾挪转移，不断重复的生活惯性，磨掉了人的激情，也耗尽了自己的年华。

相传波斯王即位时，要他臣下编一部完整的世界史，几年过去了，编出一本皇皇巨著。可国王已人到中年，国事繁杂，没时间看。臣子又用几年时间，把史本缩短，但国王仍然忙于朝政，无暇细看。臣子再将史书高度浓缩，而国王终因年老体衰看不了，抱憾终生。临死前，一位老史学家对他说，6000 卷的世界史其实是一句话：他们生了，受了苦，死了……

听起来悲怆，想起来凄凉，但是在这短暂的人生间隙，我们依然有激情可点燃人生。我思来想去，或许有这么几种激情，可供每个人选择。

第一种人生激情是物欲横流。

物欲横流的背后是消费主义的信仰，消费主义之所以可以成为一种信仰，就在于它的层级属性。当你拥有不同层级物品的时候，你会假定自己进入了某一个阶层，消费主义的本质，就是让不具备消费能力的人去消费。当你拥有了某一个名人使用的奢侈品后，你在拥有的那一刻，也会假定自己跟他一样神采奕奕，走在路上万众瞩目，哪怕你挤在地铁里，也会觉得自己全身散发着魅力。

这像极了打游戏时的装备升级，不断修炼赚钱，然后不断去充钱升级。升级物质享受就需要钱，而积攒钱就需要努力工作，在这个过程中有些人找到了人生的激情所在。叔本华说人生就是一团欲望，欲望不满足则痛苦，满足则无聊，人生就是在痛苦和无聊之间来回摇摆。

物欲自然符合这个摇摆定律，欲望满足，陷入无聊，然后盯住更大的欲望，努力去满足，满足后无聊。那么这种物欲横流的人生激情什么时候会消失呢？当你觉得这些物质符号没有必要再装点你人生的时候。就像有人不断搜集着 AJ 的鞋子，如果有一天你发现它不管多么珍贵，无非就是一双运动鞋，你需要的是去跑步、去运动，而不是每天膜拜一双运动鞋，这时候符号开始被你使用，你就摆脱了消费主义的束缚。

第二种人生激情是肉体纵欲。

有些男的只要遇到异性，都想占有。这些人有一部分是性瘾患者，这是一种病，得治。还有一部分是因为内心的成就感，认为占有的新肉体越多，自己就越厉害 。

我不知道这一类人是不是会有一个记账本，每天晚上去回顾自己的赫赫战绩，或者晚上睡不着觉的时候，掰着指头数自己睡了多少人。纵欲成瘾的背后，是对人占有的错觉。觉得只要睡过对方，就占有了对方，这种想法就如同去过某个地方旅行，就觉得这个地方属于自己一样可笑。

西门庆也曾经有如此的想法，但是他未曾占有过任何一个人。因为每一个人都有自己的思想和灵魂，你在占有别人的时候，你又何曾不被对方占有。你以为在占有别人，可能别人也把你当作了某一种工具，工具的特点就是可以更换。当你发觉到这一点的时候，魔鬼就开始在你耳边发出咯咯的笑声。对方穿上衣服，她就是她，你就是你，你们彼此不过是对方生命中的过客罢了。

你捕获的肉体越多，你离真正的爱情就越远，因为人的精力是有限的，诱惑新的猎物需要时间，那么你的时间就没有办法集中到某一个人身上。而你的时间无法集中在某一个人身上，对方就会跟你疏远，最终在你体力不支的时候，你的信仰就破灭了。灵魂的共鸣才会持久，肉体的和谐只会转瞬即逝。

第三种人生激情是挑战极限。

有一个翼装飞行的姑娘不幸死亡，她生前曾经说：极限运动已经成为我生活中不可缺少的一部分，我是为自己而活，我选择了这道路就不会放弃，也不会后悔。

其实这是很多极限挑战爱好者的心声，由此大家就不难理解为什么每年因为攀登珠峰死那么多人，还有人去挑战。安于现状的人是永远不会理解的，甚至觉得这完全没有意义，花那么多时间和钱去挑战极限，为什么不躺在床上看看电视剧呢？好好活着不好吗？

可是这事的确会让人上瘾，当你曾经在死亡的边缘游走，并且成功了，你就会不断想知道它的底线在哪里。秉持这种生活激情的人，并不在乎普通大众怎么看他们，因为他们眼中的世界跟普通人的世界完全是两个平行世界，你理不理解、同不同情都不是他们做不做的依据，他们在乎的对象只有崇山峻岭和艰难险阻。古人尚且说“五岳归来不看山，黄山归来不看岳”，更何况玩法越来越多的现代人。

可是善泳者溺于水，每个徒手攀岩者的最终归宿好像也是死于攀岩，每个极限运动爱好者的归宿也是被更有挑战性的极限运动带走。

第四种人生激情是灵魂舞蹈。

这种人都是一些高僧大德和哲学思想大师，他们开启了不断蹂躏自己灵魂的模式，从中提取到了普通人触及不到的智慧。如果说前三种人生激情是向外扩展，那么这一种人生激情就是向内探索了。向内探索也是一场冒险，因为要把内在的自己逼到一种绝境，因此有一部分人走不出来，去了精神病院，有一部分人走出来功德圆满。

这种人往往是非常淡泊于人际交往的人，因为其他人对他们来说是一种打扰，因此在逼迫自己灵魂思考的过程中，他们最希望离群索居或者独居山林。他们不需要任何外人，他们只需要自己的灵魂作为追问的对象。

他们走过人间，留下一部经典，或者开创一个学派，当然也可能增加一个新的精神病患者。

第五种人生激情是伦理亲情。

我们经常在朋友圈里看到，有人一旦生了孩子，基本上除了晒娃就再也没有别的生活。有些人把自己的一生给了下一代，他们活着就是为了孩子。还有一些人孝顺至极，把自己的一生奉献给上一代。这些激情我们都可以称为伦理亲情。

我们不难理解有人说，只要回家看到家人，就觉得自己的辛苦都值得。因为自己的辛苦，就是为了让家人生活得更好。有些人把这个伦理圈子扩展出去，老吾老以及人之老，幼吾幼以及人之幼。他们跑去非洲难民区，去帮助更多的人，人就是他们的目的，帮助别人从来不是他们的手段。

这种激情生活只要越界，就成了希望绑架。当对方并没有如你所想的那样成长和发展的时候，如果你说："我为你付出了那么多，你太让我失望了。"这就是希望绑架，凭什么对方要按照你想的那样成长呢？就因为你付出了吗？这种有条件的爱，其实是非常可怕的。当一个人没有了自己，完全为对方奉献了自己，对方却没有符合自己的心愿，这些人就可能会崩溃。

第六种人生激情是查缺补漏。

他们不会把前面的任何一种激情当作唯一，这种人认为人生需要圆满，而所谓的圆满就是这些东西都要有，但不必执着。物质，要享受一些。肉体，偶尔要放纵一下。挑战，安全的话，可以尝试。灵魂，可以偶尔孤独，进行阅读和思考。亲情，要有，但人各有命。

听起来好像很简单，但是要做到这种平衡又谈何容易呢？你买了个包，忽然觉得自己是不是太空虚了，就迈步进了图书馆。刚读了几页，想起来要给孩子做饭了，在赶回家的路上又想，人生这么平淡无奇，一定要找个时间找件事情刺激刺激。

其实生活中的大部分人都是这样，因为追求圆满，追求面面俱到，他们的人生往往注定了碌碌无为、平淡无奇。

人生就是这么矛盾，从来没有完美的解决方案，也没有一种激情模式适合于所有的人，但必须要有一个。泰戈尔说，激情，就如同鼓满船帆的风，风有时候会把船帆吹断，但是没有风，帆船就无法前进。

当游船从一岸驶到另一岸的时候，船员说我们已经从亚洲来到了欧洲，一个海峡隔开了两大洲，而六种寻找人生激情的方式，隔开了你我他。

第八篇

走过迷雾重重的世相

离群索居者，
不是野兽，
便是神灵。

亚里士多德
（公元前 384—公元前 322）

头像的秘密

我最近忽然发现自己的微信好友满了，只能忍痛删掉一些人。就在我一个一个去翻的时候，发现微信的头像真的千奇百怪，其中有人还用了我的照片做头像，我就顺道点开他的朋友圈看，竟然全是我的动态复制过去的。这些我都可以忍，让我无法忍受的是，仔细一看，对方的性别竟然是女。

这画风就立刻显得非常诡异了。

不知道大家发现没有，微信头像往往暗示着这个人的某些性格特点和消费特征。比如说头像是西装革履、把手交叉放在小腹位置的人，基本都是做业务或服务行业的人，比如保险公司业务员或者销售顾问。这些朋友的特点是非常热情，比如某天半夜我给一位点了赞，她马上就顺藤摸瓜来问我需不需要给家人买一份意外险，这真的让我非常意外啊。

一般这些朋友的消费能力不是特别强，因为大部分人还处于打拼的阶段，所以别想着从他们身上赚钱，他们不从你身上赚钱都觉得亏了钱呢。

还有一类头像是西装革履，正襟危坐，一般手会很霸气地扶在椅子扶手上，这类朋友往往是事业小成的中层领导或者老板。因为还处于不知道如何向别人证明自己成功的阶段，所以有些人会手里拿个佛珠，当然品位最差的是戴根大金链子，然后露出全身上下大大的 logo（标识）。这类人往往是洗浴中心的常客，你给他们的朋友圈拼命点赞，说你好棒，好羡慕，你就是我理想的样子，他们就会很受用。适当的时候，有些小的合作就会找上你。

什么样的人消费能力最强呢？头像是旅行中拍摄的那种，道理很简单，人家都实现旅行自由了，消费自然是可以跟上的，就算人家很抠门，那也有一颗渴望自由的心。别问我怎么知道的，因为 4S 店卖车的销售说，加上我微信的那一刻，看着我旅行拍摄的头像，就觉得不宰我不好意思。

那有些把两口子照片做头像的人是什么意思呢？头像就意味着对方宣誓了主权，因此这些人基本上是不可能出轨的。

与此相反的是，用什么头像的人最容易出轨呢？用艺术照的人。因为这类人对生活是有要求的，用艺术照暗示着他对普通生活的不认可，这时候如果有人很浪漫地出现在他的生活里，他就可以开展一段艺术人生。当然这也不绝对。

大部分用动物照片做头像的人，都是充满爱心的，用狗做头像的人很忠诚，用猫做头像的人需要别人来宠溺，这都很好理解。但我发现一个朋友用了黄鼠狼做头像，那别人跟他聊天是什么感受呢？只要他首先说话，别人就想着他这是来拜年啊。

还有相当一部分朋友是用星座图案做头像的，这类朋友往往相信宿命，朋友圈里也基本上是运势信息。他们往往属于神秘主义者，千万不要跟他们谈理性，否则你会失去这些朋友。

其中有一个这样的朋友让我某个晚上要面朝北方，然后在晚上十二点参加星体连线，说那时候宇宙会有一股神秘的力量出现。我照着做了，也真的感受到了那股神秘的力量，因为第二天我脖子一直很疼。

当然还有些朋友是用明星照片来做头像的，不是觉得自己长得像那位明星，就是自己真的很喜欢那位明星。我发现用赫本照片做头像的女生特别多，这很好理解，清新可人嘛。但是我认识的一个男生也用赫本照片做头像，我还专门问他为什么。他说他内心里就觉得自己是赫本，吓得我再也没敢跟他说话，我怕“赫本”会喜欢上我这样好看的男孩子。

对了，大部分的企业家都喜欢用大头照，说明做企业都要有自恋型人格，每天盯着自己，就觉得会爱上自己。每天看着自己还不恶心，这肯定是有强大的内心啊。还有相当一部分人喜欢用卡通人物做头像，说明什么？说明他们的内心都没长大，至少想保有一颗童真的心，这样的人不太好讲道理，毕竟他们还是孩子嘛。别问我怎么知道的，因为我老婆就是用的这样的头像。

我跟朋友讲完这套理论，一个头像是空白的人跟我说：“你能帮我分析一下吗？”

我说："你是不是觉得世界上所有的图像，都无法呈现你对生活的态度？"

他说："是的。"

我说："你是不是觉得这个世界跟你格格不入，配不上你？"

他说："你说得太对了，你怎么知道的呢？"

我说："凡是夸你的，你都会觉得说得对。"

抢购的背后

有段时间，朋友告诉我优衣库又火了，我赶紧上网搜索优衣库的短视频，没想到搜到的是大家去抢购衣服的景象。商场门一开，简直人山人海，有人手机掉了也不来不及捡，有人鞋子掉了也来不及提，为什么会这样？

其实这都是因为利益的驱动。

很多人看到这些视频的第一反应是大为鄙视，但是你可知道这背后的利益链条？去抢购的人才不傻，傻的是围观的人。我之前有段时间很喜欢 AJ 的一些联名款，普普通通的一双鞋子，官方售价不过一两千元，但是你如果很幸运抢到一双，贵的可以卖到 8 万元以上的价格。得知真相的你，还会嘲笑人家去排队购买吗？人家排个队，可能顶得上你好几个月的收入，所以还是那句俗话：你笑人家抢购，人家笑过你穷吗？

我记得之前看过一个探访深圳上亿豪宅的视频，业主在介绍自己家里布置的时候，特别提到一些自己买的限量款箱包和公仔，一个联名款的箱子原价 40 万元，现在都已经 60 多万元了，还在持续增值中。很多人评论说贫穷限制了自己的想象力，却不知我们买一些奢侈品就是为了买买买，人家买是为了投资增值。

再说去优衣库抢购的那些人，他们真的喜爱那些联名款的衣服吗？很多恐怕不是，甚至穿都不会穿，他们抢购来，转身就会在各种平台上加价卖出。你觉得他们傻吗？他们恐怕比很多人都要精明，因为抢到就是赚到。

我们需要去思考事件背后的逻辑，这样我们才不会沦为无聊的看客，看到一起起新闻事件发生，自认为超凡脱俗地笑笑，金钱也就这么跟自己失之交臂了。

首先我们要搞清楚，跟金钱有关的事情基本可以分为两类，一类是消费，另一类是投资。消费行为只要自己觉得爽就可以了，比如你觉得买辆车来开挺爽，那就买，别听别人说现在买车特别不值，因为车只会贬值。这些人就是错把消费行为当作投资行为，消费的特点就是资产净值减少，而这个减少部分是自己能够承担的。所谓的承担，就是它带来的快乐更大。

而投资行为的目的是使资产增值，这有别于消费行为，比如你买第二套房的时候，可能就不是为了居住，而是想通过一段时间的持有，来赌一把未来价格的提升。再比如购买股票，没有人把买股票当作消费吧？投资行为一开始就有很明确的目的，就是赚钱。

但是现在消费行为跟投资行为的边界越来越模糊，很多东西其实在自己消费的同时，也是有投资价值的。比如说一些限量版的奢侈品，我太太颇为自豪的是，她买的很多包都升值了。但是也不能乱买，一个物品的未来价格（投资价值），是由供给需求以及稀缺性决定的，供给越少就越稀缺，这时候需求越大，那么价格就越高。所以很多限量款的东西值得收藏，原因就在这里了。

在经济学中，需求还受到偏好的影响，偏好越大的人对价格的敏感度越低。因此，不了解或者不欣赏一个艺术家的价值的人，自然对这个艺术家的作品是不感兴趣的，就比如一个不知道凡·高的人，你把上亿元的画摆在他面前，他也不过是觉得把纸弄这么脏太不应该了。

其次，我们每天做的事情也可以分为两类，一类是让自己感到快乐的事情，一类是价值越大越好的事情。让自己感到快乐的事情，属于感性范畴，这类事情开心经历过了就好，比如发发呆、打打球、游个泳。而价值大的事情，属于理性范畴，你要在两件事情中，选择给自己带来更大利益的那一件。

比如，我有一次搬家，大夏天酷暑难耐，搬家工人很辛苦，他们纯粹是用体力在赚钱，我就问他们一个月能赚多少钱。一个人说4000多元。我问他为什么不去做送餐员，有数据说2018年全国送餐员平均薪资达7750元。他说他不懂啊。我说你上网查查就好了，做送餐员的辛苦程度跟你正在做的工作其实不相上下，但至少要选择让自己利益最大化的事情吧。搬家公司估计恨死我了，他们员工的离职率可能会创新高。

最后，我们对很多新闻事件的态度，也分为两类，一类是当吃瓜群众，一类是思考其背后的门道。吃瓜群众只需要信息的刺激，不管发生什么，笑一下骂一下，然后继续该干什么干什么去，不会因为一个新闻，自己就发生什么改变。

有段时间星巴克的猫爪杯火了，赚钱的却是某十元店的复制品。如果不去思考事件背后的逻辑，每天就只会享受大数据推送给你的信息，你会错误地以为自己发现了世界的真相。

我说这么多，其实就是想说一件事，如果老婆要买包，千万别拦着。

人生三幸事

人生有三大幸事，分别是：在还可以爱的年龄遇见爱的人，在还可以挥霍的年龄赚得想花的钱，在还可以走动的年龄去想去的地方。

爱情这种东西，遇见早了把握不住，遇见晚了，身心都没力了。我在年轻的时候，也曾经遇见过很好的人，觉得我们可以长相厮守，白头偕老，但是那时候的自己是个真真正正的穷人，所以最终这件事也就不了了之。不能怪对方太现实，没有人不想过上好的生活，自己处于风雨飘摇中的时候，就很难找到可以停泊的口岸。

一个六十多岁的上市公司董事长娶了一个小他二十多岁的太太，可以看出他们非常幸福，因为那个年轻的太太不是为了这个董事长的钱，而是真的喜欢成熟的男人。看起来这么优秀的女人，如果在董事长年轻还未发迹的时候遇到，他们还真的未必能相爱，毕竟一个忙着为了生计而奔波的男人，很难吸引到这么好的恋人。你就是再不舍，对方也只是匆匆过客罢了，这就是我们前面说过的爱情时间表。

而如果你历经了沧桑，对人怀有各种戒心，再有好的人出现，你也难以再全身心地投入爱情，彼此难以信任也令人遗憾。你变得百毒不侵，没有了任何缝隙，阳光也就再也照射不进你阴暗的内心。

所以当一个人还可以爱，能遇到一个各个方面都不错的人，是一件幸运的事，幸运的程度不亚于中了一份大奖。有些人终其一生遇不见爱情。要么对方来早了，你还在“996”，连睡觉的时间都不够。你这么享受工作，连头发没了都意识不到，怎么可能意识到爱情来了呢。要么对方来晚了，你已经累得酣畅入眠，睁不开眼。

幸运的爱情是，你来了，我正好要睡觉，要不一起吧？

人生的第二大幸运事，是在还可以挥霍的年龄赚得想花的钱。我不觉得花钱是什么罪恶，自己辛苦赚的钱，买自己想买的东西，想想就是很美的一件事。如果一个人四大皆空了，已经没什么精气神可以享受了，那么财富对他来说，的确也只不过就是一个数字而已。

悲惨的一生就是，一辈子贫穷，年轻的时候啃老，中年的时候负债，老了以后吃低保。更悲惨的一生是，年轻的时候想买的东西买不起，中年想挥霍一下的时候没胆量，老了突然大发横财，只能给自己建个金字塔，躺在里面乘凉。

挥霍这件事，或多或少带有炫耀的成分，不带任何炫耀成分的叫消费。炫耀的意思就是，我经过自己的努力，终于过上了大家都羡慕的生活，这的确就是很爽的一件事啊。虽然大家嘴上说有什么好炫耀的，但是心里还是流下了酸酸的柠檬汁。

最近我把自己的一家公司卖了，第一时间就买了一辆车，别人说：“你有车啊，干吗还买一辆？”我说：“我这不是多一个车位吗，看着空荡荡的很难受。”其实我一年到头天天坐飞机，的确开不了几次车，我现在的车七年开了两万公里，但是我就是很享受偶尔开车出去一下的感觉。

你看着我很崇尚物质，但是我精神很愉悦，金钱限制了你的想象力，让你觉得别人太崇尚物质。更何况你不知道，我身为一个中年人，跟太太闹了矛盾后，多买辆车，就多了一个避难所。

对了，有朋友竟然让我去给新车贴膜，我断然拒绝了，因为如果我贴了膜，别人怎么看清是“我”买了一辆新车呢？我都恨不得打开窗子告诉他们：“你们看见了吗，是我。”

人生的第三大幸事，是在还可以走动的年龄去想去的地方。很多旅行的同伴，特别是上了岁数的人，都跟我说现在是在赶时间旅行，为什么呢？因为随着年龄的增长，怕要么以后身体状况不允许旅行了，要么忙着给儿女带娃，没时间旅行了。

各种节假日很多人堵在路上，但是大家有没有想过一个问题，大家明知道会很堵，为什么还要出门？

原因就在于旅行这件事本身有一个很吸引人的地方，就是逃离现实的生活，去另一个世界里看看。本来旅行目的地的人跟自己根本不认识，大家都在各自不同的平行维度上生活着，但是随着你的到来，打破了这个界限。毕竟，谁不想去另一个世界看看呢。

因此这件事吸引着大家不停地外出，哪怕堵车，哪怕人多，我去过了，我就拓展了自己人生的边界。但是这件事，必须在你健康的情况下才能实现。但凡美景，都是需要身体条件好才能看到的，因为所有人都可以轻松去到的地方，你看到的基本都是人。

其实人生三大幸事的背后，是三种面对生活的态度，分别是：

相信爱情，

享受生活，

向往远方。

意外怀孕了

一次课间有个女生来找我，有些不好意思地说："老师，我有件事没人可以说，能不能找你说说？"

我说："当然可以啊。"

她说："我怀孕了。"

我："呃……恭喜你。"

她说："我男朋友是个渣男，自从知道我怀孕后就没出现过，也联系不上，你说怎么会有这样的男人呢……"

我说："你现在要解决的是意外怀孕怎么办的问题。"

她继续不管不顾地说："好多男的都是这样，只顾自己，根本就不管女人，这个时代对女人真的太不公平了……"

我说："我再跟你确认一下，你现在的问题是，你怎么处理肚子里宝宝。你现在面临两个选择，宝宝留还是不留。如果要留，那么你应该做好当一个单亲妈妈的准备，比如了解怎么上户口啊，怎么带孩子啊，等等。如果你不想留，那么你应该马上去医院，让医生给你提出建议。"

她说："但是……"

我知道她想继续诉苦，于是打断了她："那个男的渣不渣虽然很重要，但已经无法改变你怀孕的事实了，你计较对方渣与不渣，只会让自己背上更重的负担，让自己始终处于一个受害者的位置。”

后来这个女生告诉我，她顺利流产了。

我遇到过很多类似的人，往往过于喜欢计较对错与是非，而忘记了自己真正面对的问题是什么。对错与是非当然很重要，因为搞清楚这些问题，就可以避免将来重蹈覆辙，但是这是排在第二位的事情，优先级更高、排在第一位的，是你面对的问题要如何解决。

我有一个朋友，他的工厂产品品质出了问题，对我大吐苦水。

我问：“问题出在哪里？”

他说：“烦。”

我说：“问题出在哪里？”

他说：“很烦。”

我说：“烦，是情绪，你已经表达过了，我现在想跟你讨论的是问题。”

他说：“品质管控没把握好，导致产品返工，交货延期，要赔偿对方损失。”

我说：“那现在把问题清单列出来，然后找到最该解决的，就是如何把符合品质标准的产品做出来。其次跟客户沟通，说明难处。”

出现问题，就直视问题，不要把精力浪费在心烦意乱上，永远正视问题，而不是沉醉在发泄情绪中，而所谓的领导力或许就体现在此吧。

如果你也遇到了问题，我想请你按照这样三个步骤来思考。

首先，拿出一张白纸，一分为二，在左边写上问题，在右边写上情绪。写完后，对着右边说：你们在这里乖乖等着，我先看看左边是怎么回事。这时右侧的情绪会不甘心，它们会不断试图冲到左侧来刷存在感，如果你意识到了，就立刻把它们暂时赶到右侧，以免影响到你对问题的分析与判断。

其次，针对左侧的问题提出一个新问题：我当下应该做些什么，才能解决掉你们？然后写出你的解决方案，开始付诸实施。比如你跟领导有误会，那就应该去澄清误会，而不是活在各种猜测和患得患失之中。人生中的很多困扰，都是因为你想得太多。

最后，让右侧情绪得到适当的释放。我的方法是尝试用一些描述情绪的词说出它们，同时找一个未来的举措化解自己现在遇到的问题，这样情绪才会慢慢化解。诸如：我对她非常失望，这让我很沮丧，那么以后我该怎么避免呢？

其实，只需要经历这么简单的三步，很多问题就解决了。但是很多人忙着抱怨与指责，让自己处于受害者的地位而忘记了真正面对的问题，从而让自己踉踉跄跄。

寡情式生活

人的诸多困惑，本质是因为自己太多情。

我们认为别人会主动联系自己，但是他们没有。我们认为自己会得到应有的回报，但是并没有发生。只要有社交活动，我们就赶紧去参加，以为会发现很多机会。只要有人跟我们要联系方式，我们就给，我们以为可以发展出诸多可能。

我们时时处处留情，除了早生华发，并没有什么用。

处于不惑之年，我愈加感觉到寡情这种态度对人的重要性。寡情，其实才是真正的多情，因为对谁都有感情，其实就是滥情，有何多情可言。对任何事都持有激情，其实就是涉猎过多而不精通。寡情的人，会更加懂得取舍，因此也就不会轻易给自己增加困惑的可能。

我去过济南的一个餐馆，老公是厨师，老婆是服务员，只有十几张桌子，却做着味道地道的鲁菜。我说鲁菜现在日渐没落，不妨我拍几张照片帮你们传到网上，这样没准儿可以吸引来更多的客户。身为厨师的老公闻听此言，拿刀走出一窗之隔的厨房，非常严肃地跟我说："还是算了，人多了我们也接待不过来，你看我们也不过就这么几张桌子，宣传了也没什么用处。"在互联网浪潮之下，我倒是很羡慕他们的克制，既不从事外卖，也不乐于宣传，我觉得这是生活态度上的一种寡情。只在自己真正喜欢做的事情上有热情，除此以外，对其他事情保持着一种风轻云淡般的排斥。

我认识一个帮我设计房子的女设计师，我说能不能加个微信方便沟通？她说还是算了，我以为她是对我绝情，她接着说："因为如果我给了你微信，那么意味着你可以随时联系我，而我就需要立刻马上做出回应，而不管我正在做什么，我都需要针对你的要求迅速调整，那我可能就太焦虑了。只要是我上班的时间，其实你都可以打电话给工作室找到我，但如果是下班时间，真的不好意思，你不应该找我。"

我想，沟通越便捷，私人空间也就越被侵蚀得严重。我没有心生不悦，反而非常羡慕她这种冷冷的寡情。

当下我们所到之处，所有人恨不得把接触到的每一个人都变成微信好友，而她却保持着一种高傲的绝情。我就经常被信息打扰，如果没有及时回复，他们就会滋生出一股被漠视的怨恨，可能你根本都不知道发生了什么，就已经在别人的世界里展开了一场爱恨情仇。这么看来，我觉得不给合作伙伴留下太私人的沟通方式，简直就是一种英雄行径。

那么现代人如何开展一场寡情式的生活呢？

首先，在自己热爱的事情上投入，拒绝一些破坏自己生活品质的诱惑。太多的人把自己的能力范围扩大到超出了自己掌控的区域，因此生活也就失去了平衡，他们在一波又一波的所谓浪潮中被裹挟着前进，要他们停下来只有一种可能，那就是崩溃。

其次，在人际关系上，不必加太多好友，与人交往太多就变成了一种负担。如非必要，不必给合作对象留下私人的沟通方式，沟通方式太方便，就意味着你要 24 小时待命。这样的沟通不仅不高效，反而因为太过碎片化，导致彼此都狼狈不堪。

最后，不必去改变别人，要允许每个人有自生自灭的权利。想想每一次新闻热点出现的时候，朋友圈里发生的口水大战。哪怕你们在这一个新闻热点上保持了观点的一致，也不能保证下一个热点出现的时候，你们还能保持观点的高度统一。

我想，不必跟很多人发展出感情，我们与大部分人其实都是萍水相逢，一笑后说再见才是真正的态度。我们都以为这一生会认识很多很多人，其实当我们老去，回头一看，不过只认识几个人罢了。

所以，一个人寡情，才会显得他多情。

因为他懂得该对谁多情。

说“不”的权利

一个人各方面的成熟，都是从说“不”开始的。

为什么呢？因为说“不”，意味着一个人拥有了真正选择的权利。而你无法说出“不”这个字，意味着你只能接受。你的父母让你结婚你就结婚，而不是你觉得应该结婚。你的老板让你做什么你就做什么，而不是你判断了这件事的重要性后再去做。你的恋人让你按照他说的去做，然后你就乖乖去做了，而不是遵循自己做事的原则。

无法说出“不”这个字的人其实很可怜。他们要么太怯懦，唯恐引起别人的不悦；要么太自卑，不知道自己有什么价值；要么不知道方法，欠缺说“不”的技巧。

那么人生中有没有什么事是无法拒绝的呢？

有。

比如生老病死，就属于无法拒绝的事情，这些事情往往不以个人意志为转移。生不是你说了算，有另外两个人在某个月黑风高的晚上决定开始你的生命，当然也可能是个意外。老去是生命的基本规律，时间会毫不留情地侵蚀我们的身体，好不容易聚集起来的碳水化合物都想着要逃离。

病虽然是一种有统计概率的事，但是永远排除不了个案，比如不抽烟很可能不会得肺癌，但是这事很难说清楚，有可能你就属于那个小概率范围的人。死这件事我们只能推迟，但是该来的还是会来。

对这些事情，我们秉持的态度只能是随遇而安。

还有一类事情是很难拒绝的，说很难，其实也可以拒绝，但是会很考验人。比如领导布置给你的任务，你要拒绝就很难，因为工作的本质是拿人钱财替人干活，你拿了薪水，就要对上负责。再比如兄弟姐妹的事情，虽然每个人成年后就独立了，但是血浓于水，遇到各种问题还是要互相帮忙。还比如说你欠下的人情，别人在你困难的时候帮过你，现在人家遇到困难来找你帮忙，你是很难说出“不”这个字的。

除了以上两类，一类属于无法拒绝的，一类属于很难拒绝的，剩下的事情其实都可以拒绝。你不妨仔细想想，很多你觉得无法拒绝的事情，其实都是你自己的心理障碍。

有些女人很难拒绝男人，为什么呢？因为缺爱，所以别人给一个眼神，她就以为对方喜欢自己，在这样的情况下当然很难拒绝。有些乙方很难拒绝甲方，甲方如果有道理也就罢了，而在甲方没有道理的情况下，乙方也要屈从，为什么呢？因为缺钱。有些人什么都要答应，不管能不能做，都大包大揽，唯恐别人不来麻烦自己，为什么呢？因为缺安全感。

那么该怎么做呢?

首先，要做到说“不”这件事，需要非常清楚自己的价值，因为你对自己的看法决定了你可能采取的态度。如果你清楚了自己的价值，你就会有一种真正的自信，这种自信就是你很明白自己为什么在这里、在做什么，以及会做成什么样子。这样在别人对你横加干涉的时候，如果你心情好，就可以说出“不”这个字，如果心情不好，还可以说“滚”这个字。

其次，说“不”的时候一定要修炼好寡情的处世态度。为什么有些人在职场上很强硬，因为人家有副业，大不了不干了，此之谓“有求则苦，无欲则刚”。如果你拒绝了别人，对方勃然大怒，你有做好准备吗?要修炼风轻云淡的心态，别人有求于你，你没答应，你没有亏欠对方任何东西，对方恼羞成怒，是因为对他自己的无能产生的情绪，你不必介怀。

最后，说“不”的时候，要简单干脆，如果你稍微一犹豫，对方就会不依不饶。“不可以”“不行”“我不能做”“我没空”，这些口头语要训练得干脆利索，这样才能掷地有声。一旦你扭扭捏捏，对方就会理解为你欲拒还迎，反而会加重你的心理负担。

所以，请练习说“不”的勇气吧。

当你第一次对父母说“不”的时候，你开始知道挣脱枷锁的可能。

当你第一次对老师说“不”的时候，你开始知道什么叫独立思考。

当你第一次对老板说“不”的时候，你开始知道自己的价值所在。

当你第一次对朋友说“不”的时候，你开始明白友谊并不是没有底线的。

当你第一次对恋人说“不”的时候，你开始明白所谓爱情，并不等于没有自我。

第九篇

走过生死轮回的色达

现在分手的时候到了，
我去死，
你们活着，
究竟谁过得更幸福，
只有神知道。

苏格拉底
（公元前 469—公元前 399）

死亡的造访

我已经忘记在什么契机下看过一张色达的照片了，照片上的一座山坳处，有很多层层叠叠的红房子，在阳光的照射下，显得格外庄严肃穆。我想我终有一天会去那里看一看，因为这个景象一直被我印在了心中，可是去一个地方，却需要很多的机缘。

有人说，父母，是隔在我们和死亡之间的一道帘子，我们对死亡好像没什么感受，那是因为父母挡在中间。所有我们看到的死亡，听到的别人离世的消息，对我们的冲击都不会特别明显，我们感觉那不过是一个个的人消失了，只有等到父母过世的那一刻，我们才会直面死亡本身。父母离开了，我们就直接站在了死亡面前，逃无可逃，躲无可躲。

我跟母亲的最后一面，是在八月的一个下午。我接到了父亲的电话，说母亲突然病倒，不过看起来也不算太严重。在我赶紧飞回山东老家后，父亲已经联系救护车把母亲接到了医院，我带着行李赶到病房，父亲下楼来接我，说母亲看起来没有好转的迹象，然后我们就沉默着一起上楼。

我走进病房的时候，母亲躺在床上，我从来没有看到过她如此脆弱的样子。眼睛微微张开着，声音已经很微弱，只能用手指着自己的嘴说要喝水。我坐在床边说：“儿子回来了。”她点点头，已经说不出话来。

那一天的夜晚非常漫长，病房的灯关掉后，走廊里很安静，只有护士们穿梭在各个病房之间的身影。我躺在母亲的病床旁边，她的呼吸非常沉重，手垂在病床的边缘，我拉住她的手，她脆弱得像我的孩子，我坐起来摸了摸她的额头，捋了捋她的头发，她仿佛可以感受到一样，呼吸开始平缓了下来。

当我们平静地跟父母在一起的时候，就会不自觉地回忆起童年，因为在那些记忆场景中，父母占据了大量的篇幅。我顺着记忆往前找寻，能记起来的最早片段，是傍晚母亲在街上喊我回家。

农村的生活对于孩子来说，充满了无所顾忌的快乐，在田野里奔跑，在麦堆上嬉戏。母亲做好饭一般临近天黑，她就开始走出家门，呼喊我的乳名。那一声声的呼唤，仿佛是我的世界的圆心，不管我游离多远，总是围绕着它旋转，不管我身处何方，都知道在这个世界上有一个中心，那里是我的家。

母亲对我的教育整体上是比较严厉的，因为在我们村子里，我这个姓氏就我们一家，对那些大姓家族来说，是可以随便欺负的对象。父亲在镇上参加工作队，每个月只能回来几天，带孩子、做家务、种地，基本都落在我母亲身上。有一次突降大雨，地里晒满了刚切过的地瓜干，别人家一哄而上就可以趁着雨水冲走前把它们收回家，而母亲抱着我，带着两个姐姐，只能在屋檐下看着，一家人哇哇大哭，却无能为力。

再后来，我就没有见母亲哭过了，她非常要强。母亲虽然没怎么读过书，但这并不妨碍她的想象力。当时农村物资交易很落后，她就开始从城市里进货，到处赶集贩卖。从梳子到针线，从白糖到红糖，在我印象里，她就是个魔术师，铺开一块塑料布，用砖压住四个角，一会儿上面就布满了各种千奇百怪的东西。

再后来有了自行车，我就横坐在前面的车梁上，后座用绳子绑着大大的筐，和母亲征战四方。有时候会因为占地盘的事情跟人吵架，我母亲很强硬，从来不屈服，也从来没认过输。慢慢地，我们就成了村子里过得最好的人家，盖起了新房子，在我们村里买了第一台电视机。

上小学的时候，我非常瘦小，经常受到村子里那些恶霸孩子的欺负，不是被抢走东西，就是被暴打一顿，我也实在搞不清楚怎么就得罪了他们。有一次我在看一本刚买的小画书，他们就围过来抢，我不想给，他们就把我一推，头撞到了玻璃上，血顺着我的脸就开始流。

我哭着往家里跑，我母亲帮我用布摁住伤口，站在校门口，让那些孩子出来，冲他们吼叫。我从来没见她发过那么大的火，那些孩子一哄而散，从此我就再也没受过欺负，因为他们好像知道我有一个特别不好惹的母亲。

日子过得越来越好，我离家却越来越远。从上初中开始，我就住校了，再到高中，到大学，到工作，我生活的圆半径越来越大，母亲也变得越来越老。每次我们通电话，她大致的意思也是要我好好工作，不用惦记家里什么，但是我隐约觉得她已经记不清很多事情了。

一天我在深圳机场，接到了我姐姐的电话，说母亲确诊患了宫颈癌，已经是第三阶段，我心急火燎，父亲说不必着急，按照我的节奏回来即可。然后父亲为了让我放心，拍了一张她的照片发给我，照片里母亲背对着床，望着窗外。

第二天我回到济南开始陪母亲治疗，有一次我问她："父亲给你拍的那张照片，那时你在想什么？"

母亲说："我在想，如果我这个病没法治了，我就从窗户跳下去，不给你们增加负担。"

从那一天开始，我就睡在她旁边，怕她趁我们不注意做出什么事情。每天天还不亮我就打车跟她去肿瘤医院做化疗，她喜欢坐在前座，我抱着她坐下，系好安全带，她就开始很开心地跟司机说："我儿子可好了，我这辈子养了一个好儿子。"

我坐在后座非常不好意思，但是每一次，她都会跟专车司机聊起这个话题。

治疗的日子很辛苦，但我觉得那是我人生中最幸福的时光。每天陪着她去，晚上睡在她旁边，让我想起我坐在她自行车横梁上的日子，我们娘俩儿一起征战，之前是征战每个村子的集市，现在是征战疾病带来的痛苦。

有一次母亲看着我在医院里跑来跑去，就把我拉住说：“你不要太紧张，命这个事情说不清楚的，我该走的时候，你就让我走，我有心理准备的。”

很幸运，当治疗完两个周期后，母亲的肿瘤不见了。医生说没想到这么顺利，如果三个月不发作，就可以坚持到半年后，如果半年后不复发，就可以坚持一年，如果五年不复发，那就基本可以放心了。

这让我放下心来，办理完医院里所有的事情，觉得天空真的很蓝，我长出了一口气，觉得好像已经很久没有那么舒畅过了。

母亲说想回青州老家，在城市里还是不习惯，我知道她是怕太打扰我们，就答应了，想等三个月后再让她回到济南做宫颈癌的相关检查。可是三个月还没到，她就因为脑干梗死病倒了。

医生在我到医院的第二天跟我说脑干梗死这种病，九死一生，让我做好准备。我心想，怎么可能，前几天我还给母亲打电话，她说自己可以洗衣服做饭，不用我们太牵挂，该忙自己的事情就忙自己的事情，怎么突然就要做好准备？

可是这个病快得我没有来得及准备，很快母亲就需要插胃管来进食了，然后开始吸痰，吸痰时母亲发出痛苦的声音。我永远不会忘记，医生熟练地操作着，我泪流满面。协助医生吸完痰后，我跑去洗手间号啕大哭，我第一次感觉到自己那么没用，没有办法帮她分担一点点痛苦。

到第五天的时候，母亲就昏迷了。第六天，她的四肢就基本失去了行动能力，医生说醒过来的可能性非常小了，脑干梗死最可怕的地方在于，很短时间内病人就会离去，而且每一天身体的功能都在丧失。

到第十天的时候，母亲的呼吸越来越弱，当我试图帮她翻身的时候，她平静地离开了，我把她抱在怀里，她的头偏向了一边，因为呼吸不畅涨红的脸突然放松，嘴边露出了微笑。在医院的这几天，我无数次想过这个情节，但是当它真正到来的时候，我还是无语哽咽，只有泪水不停地流着。

我不知道母亲去了哪里，我总会有错觉，房间里还是会有人喊我的名字，就如同当年炊烟升起的傍晚，她呼喊我一样。

科学松鼠会对此有一个颇为温暖的解释：

如果每个人都是一颗小星球，逝去的亲友就是身边的暗物质。

我愿能再见你，我知我再见不到你，但你的引力仍在。我感激我们的光锥曾经彼此重叠，而你永远改变了我的星轨。纵使再也不能相见，你仍是我所在的星系未曾分崩离析的原因，是我宇宙之网的永恒组成。

一世母子，三生有幸。

母亲离开后，我久久无法走出来，朋友跟我说："要不抄抄《金刚经》？或许能让你平静下来。"当我抄到"云何应住，云何降伏其心"这句话的时候，我不知道为何突然想到了色达。我的心很冷，我需要置身于那一片红色的房子中间才能让自己感到温暖。

我想，是时候去一趟色达了。

时间的河流

色达离成都有 600 多公里，我在成都租了一辆车，打算用两天开过去，负责租车的小伙子见惯了我这样的客户，在转身离开的时候顺口问了一句：“你这是要去哪里呢？”

我说：“色达。”

他说：“那还挺远的，车上的蓝牙可以连接你的手机，听听你喜欢的音乐什么的，可以在路上更精神一些。”

我也顺口问了他一句：“你去过色达吗？”

他说：“没有，反正我离得近，随时可以去。”

随时可以，这是多么有魅力的一个词组啊，只要我想，我就可以随时见到你。只要我愿意，我就可以随时去那里。可是，我们人生的很多“随时可以”累加起来，最后变成了很多“来不及”。其实我跟这个小伙子一样，我虽然现在常居合肥，随时可以去李鸿章故居，但我在这个城市住了快 20 年了，也没去过一次。

随时可以的都不会珍惜，专程前来的才会虔诚。

正值四川的雨季，车开出城没多久天空就飘起雨来，雨滴聚集在前挡玻璃上形成了一个滤镜，让路上的景色莫名多了一分朦胧感。

每一次出行，特别是单独开车或者坐在火车靠窗的位置上，看着景物因自己快速前进而后退，我会有一种在时间的河流中旅行的错觉。前往色达的路很快就变得狭窄起来，一侧是陡峭的山壁，一侧是惊险的悬崖，只能容一辆车缓慢前行。如果前面有缓慢的大货车，我就只能尾随着耐心等待，一旦到了开阔的路面，看到对面没有车开过来，才会有超车的机会。

就因为这缓慢的旅程，让我对时间有了一些更深刻的思考，如果把赶路看作人的一生的话，那么这条路或许可以划分成几个阶段，也可以叫里程碑。发展心理学家埃里克·埃里克森认为，生活是按照一个挑战序列逐步展开的，分别是婴儿期、儿童期、青春期、成年期、中年期和最后的老年期。

人类在进化的过程中，遭遇到了一个难题，那就是人类要直立行走，盆骨就不能太宽，但是为了适应越来越复杂的环境，人类的大脑变得越来越大，这就造成了生育上的难题，这个难题就是孕妇肚子里的宝宝头越来越大，而孕妇的盆骨变得越来越窄。为了化解这个矛盾，人类进化出了早产的机制，也就是所有人类都是早产儿，本来我们应该在母亲肚子里长期被哺育，但是进化让我们早早地离开了母体。

因此在婴儿期，我们需要获得悉心的照料才能活下来。我想这就是婴儿都非常可爱的原因，这是人类的狡猾之处，如果不可爱，你就不想理这个婴儿了。这个阶段很像在我租车决定出发的时候，我需要跟租车给我的人达成某一种信任关系，否则我就很难得到帮助。

当我们学会了站立行走，我们就进入了儿童期。因为突然发现了行走的自由，这带给我们无限的想象力，但很快我们就发现需要去处理别人对我们的限制。这种限制可能来自父母对我们安全的考虑，因此我们需要确认这个领域的边界：如果我们过于追求自由，就会遭遇风险；而如果我们过于看重约束，又会丧失探索生活的动力。

这个阶段很像刚刚开车上路的阶段，想让车全速前行，又不得不考虑红绿灯和限速的约束，同时还要使出浑身解数来处理跟别的车辆的关系。

终于出城了，可以想办法撒撒欢儿了，我们就来到了青春期。青春期最大的挑战来自激素变化引发的情绪波动，我们想要反抗，想要冒险去远方，更想挑战权威来获得认可，因此超车是不可避免的。可是超车需要娴熟的技术，要判断前方阻挡我们前进的车速，还要判断另一个车道逆向来车的速度和距离，这样我们才知道在什么时机，以什么速度，能够在避免跟对面来车相撞的情况下，顺利超过前车。

这个阶段需要的是独立感，我们不能在超车的时候，还要听旁边人的絮絮叨叨。在父母眼中，我们会变得有些叛逆。我不喜欢叛逆这个词，因为略带贬义。我更喜欢独立这个词，因为父母跟孩子就是会离得越来越远，不管父母多想在副驾驶的位置上陪伴，方向盘终究还是掌握在每个人自己手中。

当我们熟练掌控了车辆，我们就进入了成年期，这个阶段我们会强化自己的认知角色。我们不仅是赶路的行人，我们还是一个驾驶着车辆的司机，我们还是父母、孩子、朋友、同事等等。我们发现自己不仅是自己，而是一连串角色的合集，这时候责任和挑战就会接踵而至。

这个阶段我们的挑战来自各种角色的平衡。因为角色众多，时间又有限，必然面临着各种取舍，而取舍必定会带来缺憾。因此，明白自己真正在乎的到底是什么，是这个阶段的重点。

成年的压力到了中年期后，就会变成危机。如萧伯纳所言：如果一开始你就牺牲自己来满足那些你所爱的人，那么到头来，你就会憎恨那些你牺牲自己所满足的人。因此在这个阶段，我们早晚都会思考的一个问题是：在余下的日子里，我真正想做的是什么？

不管我们愿意不愿意，这条路我们都已经走了大半，那么接下来的路我们还要不要走，应该怎么走，是我们自然要考虑的问题。这个阶段的我们很可能需要对人生的意义进行重估。如果赋予它新的意义，路上就有了动力。而如果找不到，我们就很容易愤怒和抑郁。

不管选择何种态度，这条路都会把我们带到终点，也就是老年期。我们走了一辈子的路，终于有时间停下来回忆一下了，我们不会记住一切，但是那些可以让我们铭记的已经足以慰藉我们的心灵了。

人生就是来搜集经历的，笛卡儿说：我思，故我在。我想在生命的最后，我们的结论可能是：我经历过，所以我曾经存在。

好在我不需要一鼓作气开到终点，我可以在马尔康稍做停留，酒店的门口就是一条很长的主干道，不算宽，但是看不到尽头，沿着一条河，不知道延伸去了哪里。

我停好车，在酒店门口的一个小饭馆吃饭，客人不多，店老板看起来也颇有闲心，就跟我攀谈起来："你这是要去色达？"

我说："对啊。你怎么知道的？"

店老板说："外地口音在这里经停的，十有八九是去色达看佛学院的。"

我说："那里怎么样？"

店老板说："我没去过。"

我："啊？"

他说："我离得近，随时可以去。"

景点离得越近越让人没有进去逛的欲望，

总觉得来得及。

爱人靠得越近越让人没有宠的想法，

总觉得她跑不掉。

虔诚的信徒

很多宗教故事让人半信半疑，但是1980年晋美彭措创建了色达喇荣寺五明佛学院，却是真真切切的，这里从起初的30人慢慢发展到今天的几万僧众。在这个海拔3600米的地方，围绕着中心的大经堂，房子越来越多。这个世界就是这么有趣，原本一个寂寂无名的地方，就因为大家秉持着同一种信念，它就在荒芜中有了生机。

第二天我开车按照导航到达佛学院的时候，我一度怀疑自己是不是来错了地方。这里看不到什么僧侣，只有走来走去看起来很社会的人，不停地过来问："要不要去看天葬？要不要坐车？"

我很老练地从他们中间挤过去，摇着头坚定地往里走，直到一个人拦住我说"你走错了"，我才发现此路不通。

他指了指旁边的一条小小的通道，那是一条正在翻修的泥泞不堪的主干道，几辆小货车在艰难地前行。我顺着路望去，才注意到山的两侧布满了我曾经在照片里看到的红色小房子。

走了十几分钟，我开始气喘吁吁，身体提醒我需要适应一下这里的海拔，我靠在一块石头上休息的时候，很多穿着紫红僧袍的人走了下来，开始呈一条直线，然后在各个岔路口不断分流，等来到我面前的时候，已经不超过十个人了。

他们走得非常缓慢，走到近处我才注意到他们都是岁数很大的

人，很多僧人的背已经弓成了 90°。看到我在那里休息，其中一个用手比画着，我猜了好一会儿才明白，他是邀请我进去坐坐。

他颤颤抖抖地打开门，里面非常简陋，仅仅能睡觉罢了。他煮了奶茶，倒了一杯给我，开始说着我半懂不懂的话。大致意思是他已经岁数很大了，身体的很多地方都有病，来这里好多年了，觉得很好。

我问他学到什么样子就可以走了。他说没打算走，每天在这里听着诵经就觉得很好，如果有一天在这里离开了——他说“离开”这个词的时候往上面看了看，意思就是死的时候，如果能去接受天

葬，就再好不过了。

我忽然意识到，这里其实还承担了养老院的职能。

我也忽然意识到，人在生命的最后能有些可以笃信的东西，是一种非常好的慰藉。

我辞别他出来，继续往上走。这里的房子虽然几经整顿和改造，但是依然非常混乱，导致人在房子之间行走，很有走迷宫的感觉。佛学院的最中心是高三层的坛城，围绕它一圈的是转经筒，有人虔诚地转着、念叨着什么，有人伏在地上磕长头不起，每个人都在忙着摆脱自己内心里的某种执念。

看着这样的景象，我不知道为何忽然想到了六祖慧能在法兴寺关于风动幡动的讨论。当时隐姓埋名的慧能在一众僧人中，正在听印宗法师讲《涅槃经》，此时一阵风起，幡飘动起来。

一个僧人说：幡是无情物，怎么会动？

有人答：是因为风吹幡动。

僧人又问：那风也是无情物，为什么会动？

有人答：因为风跟幡的因缘关系。

这时候慧能从一群人中站起来说：不是风动，不是幡动，是几位仁者的心在动啊。

这个论断放在当下肯定会遭到物理学家的驳斥，但从佛教的角度讲又是那么顺理成章。风也好，幡也罢，都是因“缘”聚合，可是缘呢？缘起性空。这一切都是空，所以也可以理解成这都是我们的梦幻泡影。

那么转经筒也好，磕长头也罢，这种仪式感的核心是自己内心的修行。通过这种重复性动作，人把注意力放在动作本身，而慢慢忽略心中惦念的事情，于是心也就平静了。

一阵寒风吹来，我的心没有动，我只是感觉到了天寒地冻。

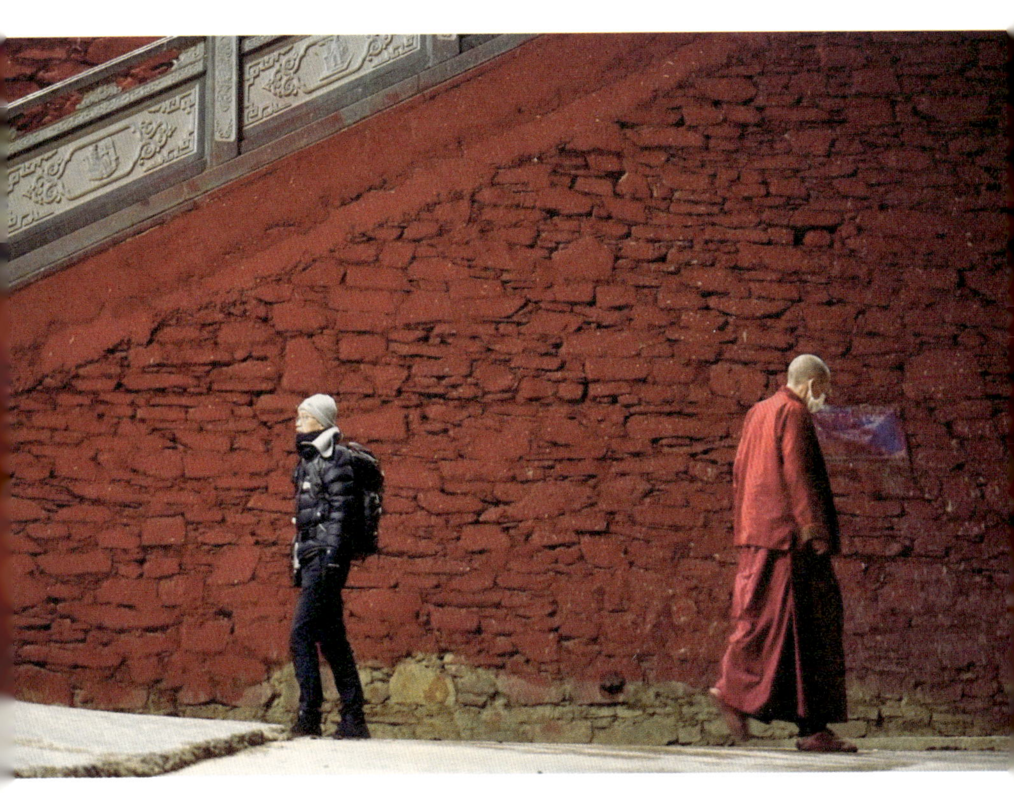

红尘向左，青灯向右。

向左的青衣里思考着佛缘，

向右的红袍里摆脱着俗尘。

恐惧死亡的本质

每一种文化都不可或缺的一部分，就是如何处理死亡这件事。蒙田说：如果让我写一本书，我将会做一个记录各式死亡的登记簿，再加上我的评论。

但是仅仅满足于此，也只是刚刚开始，哪怕我们见识了各式各样的死亡方式和各式各样的死亡仪式，我们依然对这件事思考得不够深刻。我一直在思考的一个问题是：人为什么会害怕死亡呢?

我们来到世间之前，人是处于“不存在”的状态，我们离开人世后，又回到“不存在”的状态。虽然两种状态是一样的，但是我们却从来不害怕来之前的不存在，却非常害怕走之后的不存在。

或许死亡这件事，是一个人最应该正儿八经去思考的问题，可是不管我们如何思考，好像都想不清楚。于是很多哲学家选择了各式各样的认识方法，比如：

恩培多克勒跳进埃特纳火山，目的是成神；

第欧根尼自己憋气窒息而死；

伟大的激进思想家芝诺也死于憋气；

阿奎纳用脑袋猛撞大树后，死在了离出生地 25 英里的地方；

卢梭死于大量脑出血，可能是两年前在巴黎与一条大丹犬激烈相撞所致；

狄德罗吃杏时噎死了；

维特根斯坦死于生日后的第二天，生日那天，他的朋友贝文夫人带来一块电热毯，还对他说“祝你长寿”，维特根斯坦凝视着她，回答说“活不成了”。

哲学家们思考了很久，得出了一种哲学解释是，人怕的不是死亡，而是不在场感。什么是不在场感？如果一个人走了，这个世界也随之消失，当然事实上从个人体验的层面来说也的确如此，这当然也就没什么好害怕的了。可是有些人害怕的是，这么一个大好的花花世界，自己突然不在了，但是其他一切都在（至少我们会这么认为）。

那么在自己“不存在”以后，他们会把这个世界折腾成什么样子？而死后的自己是完全无能为力的。这就如同我们在梦境中悬浮着，什么都抓不住，什么都喊不出，自己做什么都改变不了当时的状况，哪怕是自己的家人在受欺负，自己也只能眼睁睁地看着。因此，所谓害怕不在场，就是对失去“可能改变现状”能力的一种担忧。

另一种哲学解释是，死后的不确定性。死后的自己会发生什么？在没有宗教背景下生活的中国人，对这一点尤为担忧。哪怕我们是唯物主义者，那么根据能量守恒定律，所谓人的精气神也不会凭空消失吧，它肯定是转换了存在的形式，那么它变成了什么？这个问题就如同出生之前你是什么的问题一样，说不清道不明，没有什么比说不清道不明更让人恐惧的了。

还有一种害怕死亡的心理是，害怕离别。在人世间这短短几十年，一个人貌似占有了一些财富、一些友谊和一些亲情与爱情，而在死亡的那一刻，这一切都要跟自己离别，这时候会有不舍。

一日不见，如隔三秋，而死亡这一别，就意味着永不再相见，因此这种离别，更让人抓狂。其实死亡还意味着跟自己的肉体告别。自己通过吃吃喝喝好不容易积累起来一个肉体供自己驱使，虽然这个肉体大部分是水分，再加了一点碳元素，但是忽然有一天它们要解散了，相当于自己这几十年白忙活了，这样想来，的确是挺遗憾的一件事。

最后一个害怕死亡的心理是，不善终。善终这件事意义非常重大，所以在我们的文化系统里，干脆将它列为五福之一，名曰“考终命”。我记得小时候农村人过世，如果没遭什么罪，那叫喜丧。因此有些人害怕的并不是死亡本身，而是临终前可能遭受的痛苦。

同样需要深思的一个问题是：有没有人害怕永生呢？

法国存在主义作家波伏娃写了一本小说，名字叫《人都是要死的》。小说中的主人公福卡斯从一个老乞丐手中得到了一种不死的神药，喝下后他实现了永生的梦想。所谓的永生，就是他拥有了无限的时间。福斯卡一开始是兴奋的，因为自己不死，可以缔造伟大的帝国，可以取得各种各样的成功，可以将人能过的各种生活都过上一遍。他有大把时间，不会半途而废，不需要匆匆忙忙。

可是，历史有惊人的相似性，人性有很多无可救药的弱点。就这两样，注定人是无法一劳永逸地取得成就，这种成就也不可能永恒不变。福斯卡对永恒的成就很快就绝望了，同时他也感到不死的痛苦。他是不死的，而别人是要死的，他跟别人不是一类人，别人感受到的痛苦和快乐他不能感受。因为生命没有尽头，他也感受不到那种在死前实现自己梦想的激动，他的生活难以充实，他不知道在无穷无尽的岁月里可以干些什么。

他不死，但犹如不存在。

他对心爱的人说那是真爱，但是随着时间的流逝，他对她的记忆一定会越来越模糊。久而久之，福斯卡的日子就变得无聊起来，他就如同神话中的神，永生成了对他的惩罚。一切对他来说，都没有了意义，最后他只有毫无目的地存在着。

永生和死亡是一样可怕的，因为你都失去了对自己生命的掌控感。好在，我们不是神，我们也没有灵丹妙药让自己永生，因此如何让生命在有限的时间里活得精彩，才是我们真正该思考的问题。

那我们该怎么办呢?

可能最直接的一种方法是信仰宗教，无论何种宗教，其本质都是教你如何处理死亡。而所有的宗教都会跟你签署某种契约，你此生遵循某些教义，在你死的那一刻，它承诺你达致一个彼岸。这让人安心很多，我在医院的时候，就有隔壁床的老人总说自己听到有人诵经，自从她开始说这些话，她就安静了很多。

可是这种方法对于接受了多年唯物主义思想的我们，是很难接受的。儒家开出的药方是不用等到未来，此刻就可以，你只要走到立德、立功、立言，即可成为三不朽的状态。宋代的张载更为具体地提出了“为天地立心，为生民立命，为往圣继绝学，为万世开太平”的行动纲领。只要在这些方面有所建树，那么我们也就实现了某种儒学意义上的永生。

如果这两个方法依然不能让你得到慰藉，那么或许你就该走向哲学了。在哲学中有几个代表性流派，一个是斯多葛派，他们认为“太阳底下没有新鲜事”，一切的事物变迁无非都是规律在其中起作用。我们只要洞悉了背后的各种规律，自然就不会恐慌了。

另一个派别是享乐主义，这一派的代表人物就是赫赫有名的伊壁鸠鲁。他的享乐主义当然不是纵欲主义，伊壁鸠鲁在某种程度上还注重节欲，他更强调精神的愉悦。既然我们无法知道明天会怎样，所以就活在当下，把今天该做的事情全部做完，至于明天早上还能不能睁开眼睛，管它呢。

还有一个派别是怀疑论，他们的想法是我们要怀疑一切，我们要对所有事情保持怀疑，哪怕别人跟你说人会死这件事。怀疑论的代表人物是皮浪，有一次他和同伴们一起乘船出海，遇到了狂风暴雨。同行的人都惊慌失措，而他却若无其事，指着船上一头正在吃食的小猪，对他们说：这才是哲人应当具有的不动心的状态。这有点儿把无知当无畏的意思，别相信你会死去，或许等你老了的时候，人类已经解决了疾病这件事，又或者你独独被上天垂青，你会跟别人不一样。而如果有人试图像我这样告诉你这么多道理，不要相信。

如果你问我用哪一种方法来摆脱死亡这件事对我的困扰，我想是伊壁鸠鲁的享乐主义，把每天该做的事情都做完，该表达的话都表达清楚。今朝有酒今朝醉，明日有什么问题，明日再说。

倒叙的归程

每一次旅行，都由去程和归程两个部分构成。我们往往特别珍视去程，因为这其中充满了憧憬与期待，再加上些许的好奇心，因此去程中可能遇到的种种不顺，比如飞机晚点、长途疲惫都可以当作目的地的注脚。在我们抵达目的地的那一刻，过程中的种种焦虑都会被抛之脑后，代之以异域目不暇接的景观。

而归程却少有人提起，仿佛这属于旅行的垃圾时刻，跟每个周五下班前的半小时有一样的待遇，因为旅行目的地耗费了所有的好奇心和精力，所以大部分旅人的归程都是在昏睡中度过。这也是为什么很多人在写游记的时候，对归程这件事往往都一笔带过。这不应该是归程应有的待遇，毕竟它也是旅行中很重要的一个组成部分。

很难说我到底在色达看到了什么，如果色达是一个旅行目的地的话，它应该属于名声大于实情的那种。我说的名声是它在很多人心目中的知名度，而实情是它的风景，因为色达的魅力在于它的文化内核，这可不是很容易就被随便一个旅人把握住的。

离开色达的时候，我又特意开车在佛学院山下转了一圈，唯恐还有什么感觉没有体会到。当我在并不复杂的路上转了三四圈，确定再也没什么要留下来感受的东西后，我就踏上了归程。

回去的路跟来时的路是同一条路，区别就是换了一个方向。每一次赶往陌生之地，我们充满了未知。但是每一次归程，不管我们中间会不会迷路，我们心中的终点都是非常坚定而清晰的，这让人少了很多对未知的焦虑感。

虽然我听不到佛学院的诵经声，但隐约觉得声音渐渐消逝，有一种从人生的终点赶回起点的错觉。伍迪·艾伦也跟我一样想过这个问题，他写道：

下辈子，我想倒着活一回。
第一步就是死亡，然后把它抛在脑后。
在敬老院睁开眼，
一天比一天感觉更好，
直到因为太健康被踢出去。
领上养老金，然后开始工作，
第一天就得到一块金表，还有庆祝派对。
40年后，够年轻了，可以去享受退休生活了。
狂欢，喝酒，恣情纵欲。
然后准备好可以上高中了。
接着上小学，
然后变成了个孩子，无忧无虑地玩耍，

肩上没有任何责任，

不久，成了婴儿，直到出生。

人生最后九个月，在奢华的水疗池里漂着，

那里有中央供暖，客房服务随叫随到，

住的地方一天比一天大，然后，哈！

我在高潮中结束了一生！

倒叙人生的好处，就是所有失去的都将有机会重逢，沿着人生的这条河逆流而上，母亲从医院的病床上起身，继续絮絮叨叨着我童年的生活，看着她身体一天比一天好，真是让人开心的一件事。很快她就出院了，她走在我前面，在小区的院子里边走边舞蹈，然后骄傲地对遇到的每一个人说：我儿子可好了，我这辈子养了一个好儿子。

我跟在后面会把心里一直想说的话告诉她：我妈可好了，我这辈子很幸运有您这样一位母亲。

如果能倒叙到我的童年，我希望时光流逝得慢一点儿。我想好好看看路边那些带着露珠的牵牛花；很想无忧无虑地看着蛐蛐在草丛里蹦来蹦去；很想傍晚赶回家的时候，鞋子上沾满蒺藜和泥土；我也很想抬头看看清澈的星空，寻找划过夜空的流星；我也很想在炊烟升起的地方，听到有人催促我回家的呼喊声。

那是我人生最幸福的时刻，虽然那时，我不知道。

想着过往人生能捕捉到的点点滴滴，我把车开回到租车的地方，小伙子看着风尘仆仆的我说：“这一路感觉怎样？”

我笑着对他说：“我正着反着经历了两次人生。”

他没再追问，估计不知所云。

我也没再说，因为我觉得自己将悲伤储存在了某个地方。

第十篇

走过不确定的人生

我要扼住命运的咽喉，
它绝不能使我完全屈服。

贝多芬
（1770—1827）

人生不确定

人太喜欢追求确定性，所以各种玄学才会大行其道。我的明天会如何？我将来会以什么方式离开人间？我什么时候才会发财？……为了解决这些问题，人类发明了各种占卜的方式。其实，这又何必呢？

因为我们对未来不确定，人生才会精彩。试想，如果一个人一出生就知道自己的死亡时间，知道每个时间点会发生什么，那活着还有什么劲？不过是在执行确定的电脑程序罢了。

我有时候跟儿子的老师聊天，老师说如果孩子现在不好好学习，将来就考不上好的大学，那就完了，你看看别的同学都在努力学习……

老师的问题是什么？是把孩子的人生确定化了，一个人怎么可能因为一两件事做不好，一生就完了呢？

人生最奇妙的地方就在于，任何一个时点，我们都有改变人生的可能性，这才是人生最有趣的地方。

因为早上起床早了几分钟，结果赶早了一班地铁，一个人不小心踩了自己的脚……十年后，这个人睡在自己的旁边，自己竟然叫他老公。如果那一天早上你没有早几分钟起床，你的人生就完全是另一个样子，躺在旁边的是我也说不定。

有一句话流传很广：我以为那是一个习以为常的下午，多年后回首才明白，那个下午改变了我的一生。

所以，不必把人生看得那么严肃，也不必因为一两件事没有做好，就框死了自己的人生。

我经常跟老师说，学习是很重要，但是不用那么紧张，我就一个儿子，我当然希望他快乐，就算考不上好的大学，也不意味着他就找不到好的工作，就算他找不到好的工作，也不意味着他的人生就是不快乐的。当然老师不理解我在跟她说什么，将来等她再成熟一些就会懂的，因为她的眼中只有考试，仿佛一张考卷就决定了人的一生。

我经常对孩子讲，你的人生有无限可能，如果有人跟你说因为某件事做不好，你就完了，你千万不要信，这在逻辑学上叫作逻辑滑坡，就是过分夸大某件事的重要性。一次考不好，要不了命，总结经验，下次好好考就是了。每次都考不好，说明你可能遗传了爸爸的智商，那就多发展发展别的爱好。如果你没有任何爱好，那可能遗传了妈妈的情商，那就多利用自己的颜值，将来委屈自己做个明星也可以。

我也经常对自己讲，得失心淡一点儿，每次我都努力，但是努力过后得到什么结果，随缘。我第一次失恋的时候，半夜三更蒙在被子里哭得死去活来，甚至跟对方同归于尽的想法都有，但是失去一个女人，并不代表我的人生就不值得一过了。后来失恋次数多了，也就习惯了。

失恋次数多了，就为自己成为一个优秀的作家提供了可能性，因为可写的案例多了。写了那么多书，我也没有登上过作家富豪榜。但是成不了一流的作家，并不代表我的事业就完了，我可以满世界游荡啊。

我们每次遇到失败或者挫折，就意味着人生有了新的可能性，否则你肯定会按部就班、不思进取、没羞没臊地混下去。

人生充满了不确定性，所以没有一个人、一件事、一次失败能决定你的人生。人生的每一个时点，都是一次改变人生的契机，只要你愿意，奇迹随时都可以在接下来的时间发生。

希望你能爱上，人生的不确定性。

避免碎片化

我经常听到一个说法，如果你觉得自己生活得很辛苦，请去医院看看。但坦白说，单纯跑去医院也不会体验到什么，我们大多都去医院体检过，如果去看一看就能改变一个人的生活态度，按理说每个人都已经改变过了。

很多感受或者情绪，如果是不好的，我们会深深地埋在心里，希望忘记，最好永远都不要再去触碰。可是它们总是在某个情景的触发下，被我们忽然提取出来，让我们瞬间代入。

我们唯有重新回到那时那地，跟那时的感受和情绪做一个告别，我们才能真正接受它，并且跟它和平共处。

如果家人生病，那么作为陪护的人会有一种什么感受呢？这种感觉非常像我们正走在一条春暖花开的路上，憧憬着未来，跳着舞，唱着歌。当然也可以怀恨着某些人，当你接到医院通知的那一刻，你会瞬间被带到另一个平行世界当中，这个世界充满了灰色的黯淡，如果用一个词来形容，那就是无力感。

在陪母亲治疗的那段时间，我每天早上很早就要起床准备各种检查，其实严格说也不叫起床，因为医院里各种病人的哼哼唧唧，不太会让一个人真正安心入睡。

起床后就要开始验尿或者验血，然后医生很快就开始查房，查房的时候你要回答各种问题，或者就很多问题来咨询医生。有些医生有耐心，但也有不少医生觉得跟你说了你也不懂，所以就干脆轻描淡写地说几句应付。

当这一切结束后，就开始进入每天的治疗过程。如果要检查各种指标，就要提前去排队，如果不需要，就开始一天的输液。输液一般不会很快结束，但是家人很难离开，哪怕是短暂离开，心里也会充满了焦虑，大部分时间，就是安安静静地坐在床边，看着输液管中的药物一滴一滴地流入病人的身体中。

这个时间的流逝让人很麻木，医院里不太会有笑声，也很难看到快乐的表情，每个人的表情也都很麻木，甚至脸色都是发黑的。这里的人没有了长远的打算，只有眼前不断滴答滴答输着的液体。

输完液就要去各种科室排队做各种检查了。我们很难见到一个地方像医院一样永远人潮汹涌，有排不完的队，每个人都焦躁不安。医生们因为见惯了这种阵势，所以往往面无表情地执行着他们的流程。

我想医学院的教育应该要求医生必须做到不动声色，把针刺进去，把血抽出来。病人反正也不是他们的家属，因为缺少了同情和怜悯，这个过程就变得极其冷静，在他们眼里，所有的病人其实是一个带着各种器官的机器。当然，只有这样，他们才能真正客观地做着检查和治疗。

做完检查，就要开始等检查的结果。虽然可能给你一个等待时间，但是在结果出来前你所拥有的时间也是荒废的。你不可能利用这个时间看本书或者用手机看部电影，虽然你可以这么做，但是期待结果的焦虑感剥夺了你安静下来的权利。

如果要跨过中午，就需要考虑午餐的事情了，去医院的食堂打饭或者叫外卖或者外出单独购买，围绕在医院周围有各种店，病人越多，它们的生意越好。

你把饭菜买回来，其实也不太有心情吃，消毒水混合着各种物质的奇怪味道，让人的味蕾好像失去了对美食的品尝能力。肠胃因为你的糊弄，也变得应付了事，每一顿你都吃了，但是你会真正体验到味同嚼蜡的感觉。

趁着下午病人入睡的时间，如果你能走出病房在院子里走一走，你会情不自禁地叹气，这种叹气并不单纯是因为劳累，而是一种压力的短暂释放。但是当你回到病房的那一刻，你所有舒展的情绪就又重新紧张起来，虽然生病的并不是我们，但是我们会把自己的情绪压到最低的层次，低到让自己麻木的程度，你甚至可以感受到自己脸上肌肉越来越僵硬。

如果晚上你要陪床，就需要考虑如何凑合一晚，大部分医院都要求家属陪床，但是并不提供你睡觉的地方，因此你要考虑到底是趴在床边，还是买一个垫子铺在地上。因为你所有的关注点都在生病的家人身上，因此并不会觉得辛苦，那时候人不太能体验到自己的感受。

当然陪床是不可能睡踏实的，你需要很机警地在护士巡视的时候，爬起来交流一些注意事项，也需要在家人有任何反应的时候，迅速爬起来看各种仪器仪表上的数据。

如果有第二天，其实是幸运的，但同时也意味着你的经历要再来一次。

所以我讲到这里，你大约也就知道什么叫无力感了，就是家人在医院住院的整个过程，都不在你的控制之内，你只能伴随，只能被各种指令调派着行动。你不可能代替家人分担一点点的痛苦，你也不能代替医生制订治疗方案，你就如同一个随时等待指令的机器人，穿梭在医院各个科室，接收到信号，你就要行动，你需要放下自尊，放下你在人际关系社会中的伪装，赤裸裸、面无表情地做出各种需要的反应。

这种无力感还包含了碎片化。医院之外的生活，是有整块时间供我们使用的，我们可以拿出几个小时，什么都不用担忧地去喝杯咖啡，或者看场电影，或者跟朋友风轻云淡地聊着八卦。在医院里，这种生活状态完全被打破，因为每天的生活都被治疗的过程切碎，你会觉得时间过得很快，快到你对过的每一天都不太有感觉。

碎片化导致的问题就是，你不可能想得很长远。在医院里，大部分的病人关注的只有一天的长度，今天怎么治疗，今天怎么面对。而陪护的家人，也必须把自己长远的打算放下，来面对眼前一个又一个难关。医院外的人，可以考虑年底休假，可以想着接下来可能的升职，可以憧憬着某次旅行；而医院里的人思考的却是眼前这瓶药什么时候输完，接下来的治疗会不会很痛苦，等等，这些都是最现实也最短期的问题。

如果你正在陪护家人，我希望你坚强。

如果你没有过这种陪护的经历，我希望你真的好好珍惜自己美好的时光。你可以心无旁骛地醒来，可以为自己的未来做着打算，你不需要随时对别人的指令做出如临大敌的应对，你有时间可以坐在某个地方沉思下自己的生活。

如果你意识不到这都是最幸福的事情，却把注意力放在钩心斗角上，觉得一点点挫折就受不了，失个恋就觉得活不下去，有一点点不爽就觉得委屈得要命，说轻了这叫暴殄天物，说重了你真的不知道珍惜。

人生很短，

一生中美好的日子也稍纵即逝。

每一刻不开心的时光，

都对不起自己的健康。

活成一只猫

狗看起来一点儿都不忙，每天睡了吃，吃了就出门溜达，溜达时兴致来了还到处方便，看起来很洒脱的样子。

但其实狗非常忙，狗的忙在于它身不由己，主人想什么时候溜它就什么时候溜，想溜哪条路就溜哪条路，因为在狗的脖子上，有一根绳子拴着。

我们很多人之所以觉得忙，也是因为把自己当作了一条狗，由狗绳拴着自己到处走，失去了自主性，觉得忙东忙西，却丝毫没有成就感。刚坐在办公室，老板的狗绳就丢过来了：去开会，去做方案，去按照时间提交报告。刚闲下来，手机上的朋友们又把狗绳丢过来了：我请你帮个忙，我想让你跑一趟，我想问你一件事。终于回到家喘口气，家人的狗绳又来了：厨房里的碗洗一下，灯泡坏了换一下，快递柜里的包裹去拿一下，去楼下倒一下垃圾。

你说我们像不像一条狗，伸着舌头气喘吁吁，被各种人扔过来的狗绳牵着到处走？我们活成了一条狗，最大的问题在于，我们放弃了自主性，我们每天的时间由其他人来帮我们填充，我们对所有事情要不要做的判断标准，都取决于谁拉的绳子更紧一些。

要想摆脱狗一样的生活，我们必须向猫学习。猫有自己的节奏，想逗一下主人的时候，它就来了。它不想搭理你的时候，无论你做什么，它都无动于衷，只会觉得你挤眉弄眼很滑稽。猫会从心底里轻蔑地说一句：愚蠢的人类。

要想过上猫一样的生活，首先就必须学会拒绝，当所有的绳子扔过来的时候，你要勇敢说出：走开，谁也别想把我套着走。这时候他们肯定会很惊愕地看着你，觉得你这条狗还想逆天改命，你就有了短暂的缓冲时间。这对一条忙碌的狗来说非常重要，我们不断扑向每根绳子的过程，就把自己有限的时间和精力都耗费在了别人身上。我们要停下来想一想，对一条狗来说，什么才是值得做的。

我们拒绝之后要做什么呢？这就是其次了，思考一下你想过怎样的生活。这个问题看起来很无聊，但其实决定了我们所有的价值判断，因为我们做不做一件事，判断的标准就在于，它是否促进了自己向想要的生活前进。比如说你想要的生活是改变世界，那么哪怕你得了绝症，你也会毅然决然地扑向电脑，用尽全身力气写出代码。但如果你想要的生活是各方面的平衡，那你肯定在工作上做到差不多就行了，你就会躲开那些用高薪诱惑你加班的工作，而去选择那些有更多自主时间的职业。

经常有人觉得我很忙，我要写书，我要策划节目，我要更新文章，我要讲课，我要开店，我要开发新的周边产品，我要带儿子写作业，我要听命于老婆的教诲，我还要安排各种旅行，等等。但我的真实情况是，经常觉得自己很闲，为什么呢？因为我非常清楚自己想要过怎样的生活。

我想要的生活是职业有自主性，收入能维持在小富即安，做的事情尽量丰富。所以任何让我全职工作的邀请，我都拒绝，哪怕这些绳子是黄金链子，对我来说，也不过是装饰得很好看的枷锁罢了。赚钱是一个过程，永远没有赚够这一说，让自己保持持续创造财富的能力，我主要是靠输出思想来赚钱的。所以我的这些生活态度，指导着我对生活的判断，也决定了我看待不同绳子的态度。

最后就是开始挑选绳子了，我大致把这些试图拉我们走的绳子分成三类。第一类是对我们真的很有帮助的，也就是符合我们生活态度的那一类事情，我们应该主动套在脖子上，然后不管绳子的那一端是什么，拉着朝我们想去的地方跑就是了。跑的时候必须要聚焦，不要被打扰。海明威在接受采访的时候就说："我在写作的时候，最怕别人来跟我说别的事情，因为一旦我的思路被打断，天晓得它们什么时候回来。"因此，在拽着这根绳子跑的时候，最好戴上耳塞，谢绝打扰。

第二类绳子是各种打扰，这些绳子一般会从手机里抛出来，因此对这类绳子要保持冷淡和漠视，比如有人在微信上问你："在吗？"你根本不需要搭理，继续忙你的事情就是了，直到他们说出到底有什么事情，你再决定在不在。因为你要记得，你现在已经不是一条狗了，不要有人逗你，你就左蹦右跳地摇尾巴。

还有第三类绳子是别人硬套在你脖子上的，你又摆脱不掉，比如工作。那么对这类绳子我们要力求高效，要学习好的工作方法，掌握提升工作效率的工具，这样你才能跑得快，跟上上司的步伐，不至于被拖在后面。

归纳起来就是，对自己有帮助的绳子，要聚焦，要主动领跑；对自己形成打扰的绳子，要保持漠视；对摆脱不掉的绳子，要高效。

这样，哪怕你还是一条狗，也至少活出了猫的气场。

在城市游荡

我不知道大家有没有在城市里游走的体验，这种游走是没有任何目的的游荡，不是为了赶往某个约会的地点，也不是为了去办理某项事务，仅仅就是为了消磨时光。午后我理了个头发，发型师说很帅，看起来他对自己的手艺颇为得意，而忘记了我本身就长得帅这个事实。既然如此，就不能浪费了这春日的天气，我开始沿街溜达起来。

我首先发现了蹲在马路牙子上睡觉的一只猫，胖胖的，蜷缩成一团，我从它身边蹑手蹑脚地经过，没想到还是惊扰了它的美梦。它把眼睛睁开一条缝，在看清楚我是一个人后，随即又眯上眼睡去了。我想猫这种动物真的有趣，看起来无忧无虑的样子，谁做它的主人它都不是很在意，无非就是混口饭吃。吃饱了它就睡，睡得那叫一个过瘾，如同死在了这片春天里。

路边有很多小店，经营着各式各样的生意，看着门可罗雀的样子，我不知道它们是怎么活下来的。我经过，停下看看，店主爱答不理的样子，傲娇得如同睡在路边的猫。估摸着睁大眼睛还要费力气，很多店主就眯着眼看着人来人去，我想他们大约并不是在经商，而是在经商中修行吧。

在一条路的拐角处，我发现了一个修鞋的摊子，一辆破烂到极致的车子上面挂满了叮叮当当的工具，一个中年妇女坐在车子旁边，手里摆弄着一个锥形的工具，偶尔抬眼看看路过的人，这种感觉就如同一个杀手，准备伺机抓捕猎物。这是我逛了几个小时以来遇到的最有活力的人了，她背后的柳树吐出了嫩绿的芽，那种绿不是深绿，也不是那种很轻浮的绿，而是一种嫩嫩的娇羞的绿。我路过后，又想起这景色很美，情不自禁回头看了又看，她活在一幅极美的图景里，我不知道她是否自知。

大部分的餐馆都已经打烊，纷纷挂出了牌子，意思是谢绝打扰。店里的伙计、厨师、前台服务员都围在桌子周围打麻将，他们面前摆着零碎的纸币。平日里和睦相处，此时正如临大敌，这时候是否是他们一天中最快乐的时光？他们对桌面上对手出牌的专注，每打出一张牌的时候说出的脏话，都融合在这春天的空气中，谈什么灯红酒绿，此时就胜过一切纸醉金迷。

当然也有积极进取的人。不知道从什么时候开始，手机店里的导购都跑到了门口，店里反而空无一人，我想他们的店长早上肯定对他们说："生意能自动上门吗？不上街拉客怎么能赚到钱？"所以见到我的时候，两三个店员蹦到我身边说："帅哥，买手机吗？"我晃了晃手里的手机，又一个接着说："帅哥，换手机吗？"我摇摇头，走了几步，一个人上来说："帅哥，卖手机吗？"

我笑着跟他说："你们这里还真是一条龙服务啊，可是我没钱啊。”另一个人上来说：“帅哥，信用卡套现了解一下吗？”

好不容易走出这万能的一条街，人开始多了起来。红绿灯，汽车、公交车、自行车，瞬间灵动起来。如果说前面走过的路，一切都是静止的，而我是流动的，那现在周围的一切则快速流动着，而稍慢一点儿的我，仿佛才是静止的。这世界是相对的，爱因斯坦边吃火锅边发出这样的感叹。

我们生活在一座座城市当中，但是我们并不属于这座城市，因为我们很少有人去观察、去聆听一座城市。我们从一个地方赶往另一个地方，为了上班，为了约会，但我们经常忘记，这路途之上，也是我们生活的一部分。

当我们沉浸在自己的世界里时，我们就会被困住，仿佛钻进某个小巷子里迷途而不知退路。当我们把头转向四周的时候，这座城市才会向你展开诸多秘密，你就会发现，不管你迷失在何处，总有出路。

心灵的品质

有人说疫情给我们整个社会按了暂停键，外面的所有店几乎都关了，门也不是随便可以出的，我晚上八点出去了一次，想买点吃的，大街上连条狗都没有。很多朋友在这期间把会做的菜都做了一遍，据我所知，无非就是西红柿炒鸡蛋、鸡蛋炒西红柿、西红柿鸡蛋汤、水煮西红柿鸡蛋。

这段时间，我们每个人大约都经历了无所事事的日子，刚开始觉得无非就是多休几天假而已，后来隔着窗户开始想起鲁迅的呐喊，再后来坐立不安，觉得再不工作就会被老板发现没有自己也可以，最后就不知所措了。

当一个人身处喧嚣，考验的是交际能力。

当一个人置身孤独，考验的是心灵品质。

什么是心灵的品质？复杂点儿讲，就是能够跟孤独和谐相处的能力。简单点儿讲，就是愉悦自己的能力。我们不应该被逼着在家里宅了一个月，我们更应该是在这一个月中学习到提升自己心灵品质的能力。

心灵的品质分成三个层次。

第一个层次是感官的愉悦，这是最低的一个层次状态，每天看点儿美剧、看点儿电影、听听相声、听点儿音乐就可以完成。可是，这为什么是最低的状态？因为这种愉悦是被动的。我们的喜怒哀乐都被这些影视娱乐带动，带来的情感触动如同一阵风过后的麦浪，虽然起伏波动，但是也仅此而已。这个状态的愉悦看似在享受孤独，其实不过是往日里灯红酒绿的替代罢了，形式不同，效果一致。

这种心灵愉悦享受久了，人就会感觉特别空虚。为什么呢？因为你脱离了自己的实际，客体化了自己，将自己从心灵的壳子里转移去了虚无的场景之中。

第二个层次是感情的愉悦，这是一个中级的状态，因为你把自己纳入考虑的对象。这种愉悦更多在于人与人的关系，除非你是独居状态，否则势必要考虑跟其他人之间如何处理关系。如果在这个过程中你无法调试自己，你就会始终觉得受到了感情的诅咒，觉得对方的呼吸都是向你内心投出的一根根长矛。

这种心灵愉悦要求你适当收敛自己的锋芒，并且尝试将对方合理化，在这种互动中你感受到了生活的美好，觉得有这样一个人存在，让你的生命增添了很多的光彩。这种满足的缺陷在于你需要一个人，只要有人在，你就不会被空虚打扰，尽管要付出被对方打扰的代价。

第三个层次是感觉的愉悦，这是心灵品质享受的最高层次，它要求一个人摆脱所有外界的干扰，沉浸在内心的满足之中。一个人的内心怎么会满足呢？因为你从自己的思考、阅读、写作、研究或爱好中，找到了一种跟自己对话的模式。

当你打开一本书，任何空间都无法封闭你。当你耐心培育一盆花，不管外面如何大雨倾盆，你能从花的绽放中感受到美好且满足的喜悦。当你思考一个问题，你会为自己有了新的理解而悠然自得。这些事情，都不需要任何人出现，它只需要你安静地捕捉内心的小确幸，跟自己那个美好的心灵达成共识。

如果让我们用西红柿炒鸡蛋来比喻三个层次的话，感官的心灵满足是别人让你做一道西红柿炒鸡蛋，你就做出了一道很好吃的西红柿炒鸡蛋。感情的心灵满足是你做出了一道西红柿炒鸡蛋，看着对方吃的样子觉得很幸福。感觉的心灵满足是在做西红柿炒鸡蛋的过程中，你享受到了烹制一道美食的快乐。

所以，每次我做西红柿炒鸡蛋的时候，我太太问："你傻乐什么？"

我说："你没看到我正在翻炒凡·高的颜料吗？"

反省的生活

一个人的修养是什么？是一个人在面对他人时，表现出来的举止、礼仪和语言的综合体现。如果这个人表现得让人舒服，我们说这个人有修养；如果这个人总是让别人不舒服，甚至反感，我们说这个人没有修养。

我遇到很多人，他自己独处的时候一点儿问题没有，因为他的才华足以慰藉自己。但是他们只要一接触别人，冲突就会随之而来，甚至一张嘴就很容易得罪别人，这时候就显得他们特别没有修养。

那么一个人的修养到底是由什么决定的？这个问题我思考了很久。读书到底能不能影响一个人的修养？很难。读书可以让一个人有知识，但却可能让他恃才傲物，因为读书人太容易沉浸在自己的世界里，而厌恶跟别人交际时所产生的烦琐感。所以读书把自己读成个讨厌鬼的人，比比皆是。

那么旅行能不能影响一个人的修养？我们不是经常说旅行能改变一个人吗？坦白说，不能。很多旅行者的旅行，其实是不断验证自己偏见的过程。可以这么说，无论他走过多少地方，其实都是在自己的头脑里坐井观天。

这些人只会在旅行中搜集符合自己偏见的景象，而自动忽略他看到的其他一切事物。这就是为什么去印度旅行的人，往往只记住了印度的脏乱差，而忽略了印度现代化的部分。因为对印度的脏乱差先入为主，因此我们就很容易只发现这一点，回来后感慨一句：印度果然脏乱差。

我认为一个人的修养，当然在很大程度上受到家庭教育和社会环境的影响，但更多是来自一个人对自我和他人关系的反思。如果没有这个反思，一个人就永远走不出自己的世界，甚至只会觉得这个世界对自己有很多误解。

一个人的反思包含三个层面的问题。

第一个层面是对自我的反思，人之所以比其他动物高贵，就在于人可以把自己当作一个观察的对象。可以这样说，一个人在把视线转移到自己身上的那一刻，他才进化成了人。

随时对自我进行察觉，更能明确自己的状态。比如在跟人说话的时候，能够转念一想：我在说什么？自己在打字的时候，看看自己此刻胳膊的姿势和手指的动作。这个层次看似简单，很多人却做不到，所以雅典德尔菲庙里刻了一句神谕：认识你自己。

第二个层次是察觉到别人状态后的反思。我此刻的行为引发了对方怎样的感受？他皱了眉头，是因为我的语言攻击了他吗？他已经不再说话，是我说的内容无聊且无趣吗？

在这个层次上，大家就明白为什么很多话痨的人无法停止，因为他们察觉不到别人对自己的态度。你唠唠叨叨说个没完，对方已经不再接话了，眼睛也不再注视你，而是经常游离到别的地方，这时候你就应该调适自己，也就是停止说话。

我们经常说的情商低的人，就是在这个层次上有所欠缺。

第三个层次是反思自己的行为，然后去改进。这个层次的难度在于敢于否定自己，比如对一次不愉快的经历，不是归因到对方让自己不舒服，而是归因到自己的言行可能有所不妥，这时候人才可能提升自己。

比如，我想让别人帮忙，我对那个人说："哎，请你……"对方白了我一眼走开了。

我的结论不能是，那个人太无礼、太讨厌了，而是要思考，是不是我请他帮忙的时机不对，或者是我不应该喊对方"哎"。那么下次我就会特别留意，在对方看起来开心的时候，我再说："先生，能不能请你……"

一个人有修养，要么是家教好，要么是善于反思。

而一个人没有修养，只能说他吃亏太少，所以没有足够动力，让自己更好地进化成一个完整的人。

融化这世界

有一天早上，阳光就从窗帘的缝隙里溜进来，钻进我的被窝里，暖暖和和。2020 年的疫情让我蛰伏在家一个月有余，所有人如同一起做了一场噩梦，我们在春节浓浓的年味前冬眠睡去，在春暖花开的日子里解冻醒来。

我们很多人会以为因为这场梦，我们的生活会有不小的变化。但当我们再次融入人群的熙熙攘攘，所有之前存在的问题，并没有多少改变。你该操心的房贷还在，你工作上的不顺心还在，你不喜欢的人还在，你对职业的困扰和人生规划的焦虑也都在。

就如同一场旅行，我们以为一次远足可以改变生活，其实远足归来什么都没有改变，我们只是短暂逃离了一下现实生活，而现实生活中所有的问题，你回来依然是要面对的。

这么说来，一场灾难也好，一次旅行也罢，对我们来说就没有任何意义了？也不是，只不过这种意义并不是很多人想的那种意义。很多人想的意义是，自己的烦恼即刻消除，这种意义当然是没有的。

那么到底有什么意义呢？

首先，你的心理应该变得更韧。之前别人一惹你，你不开心就会暴跳如雷，跟一只刺猬一样，外界稍微一刺激，你就会自我保护，并且进入攻击状态。而经过了一次疫情，我们每天看新闻，一会儿热泪盈眶，一会儿怒目圆睁，一个人的情绪在不停地扩展着上下边界。如此当我们在现实生活中再次遇到不顺时，你就有足够的心理弹性区域可以缓冲。

这样当我们遇到很多外界刺激的时候，我们或许就可以微笑着面对，因为你的心会告诉自己说：这点儿事，比起当年那场疫情来说，算得了什么呢？

其次，我们知道了每个人的不易。我们很少有机会站在别人的角度去观察生活，这在哲学中叫自我中心困境，一切都是围绕着我们自己展开的。但是当我们在某一刻放下自身的角色，完全用同理心去看待别人时，我们就会知道对方的难处。有人在这个冬天家破人亡，有人在这个冬天人财两空，我们看到了他们的悲痛，我们知道了他们的不幸，我们就明白了每个人的不易。

因为每个人都不易，所以往后的日子里，在剑拔弩张的某一刻，我们或许可以考虑一下别人，哪怕是短暂的一刹那：想必，他也有自己难处吧。

最后，我们更懂得什么对自己是重要的。我们习惯性地在人海中拼杀，随着人潮汹涌的方向一路狂奔，很少有机会停下来审视一下自己的生活，不是不想，而是没有这个勇气。就像在打一场游戏，我们不停地来来回回，跑来跑去，除非信号断了，否则很难从沉浸中跳脱出来。

而疫情导致的强行暂停，让我们静下来看看身边的人，想想自己的过去，或许我们本来就可以过一种朴素悠然的生活，或许我们不需要那么多奢侈品，或许拎一只几万元的包跟一个环保袋并没有那么大的区别，或许跟很多人发展出暧昧关系远不及跟一个人推心置腹、心灵相通。

识别出重要不重要，有那么重要吗？

当然。

因为我们认为重要的事物与人，会决定我们人生前进的方向，也就决定了我们的价值取向。就像我很爱自己的儿子，但是在所有的事情安排中，陪伴儿子总是会被忽略，因为在同一时间让我选择到底是去赚钱还是陪儿子，我很可能选择前者。但是经过这一场疫情，我才发现，他已经长得这么大了，而我忽略了多少他成长中的快乐时光。所以我做了一个决定，就是每一天都要留出时间来跟他交流，聊学习、聊他感兴趣的话题、聊游戏、聊身体的变化，这让我很庆幸，这一辈子我可以做他的父亲。

冬来时，

冰封至，

世界寒冷得没有可容我之处。

春暖了，

花开了，

我那颗解冻的心想融化这个世界。

余生

皆是馈赠